"十三五"国家重点图书出版规划项目
"5·12"汶川特大地震十周年纪念及灾后重建系列丛书

# 灾难与创伤
# 生命支持
Disaster & Trauma Life Support

总顾问／曹　钰

主　编／陈永强　李　浩　胡　海
副主编／唐时元　姚　蓉　叶　磊



四川大学出版社

项目策划：敬铃凌
责任编辑：敬铃凌
责任校对：许　奕
封面设计：墨创文化
责任印制：王　炜

**图书在版编目（CIP）数据**

灾难与创伤生命支持 / 陈永强，李浩，胡海主编
. — 成都 : 四川大学出版社，2020.8
ISBN 978-7-5690-3253-6

Ⅰ. ①灾… Ⅱ. ①陈… ②李… ③胡… Ⅲ. ①灾害管理—研究 Ⅳ. ①X4

中国版本图书馆 CIP 数据核字（2019）第 280560 号

**书名　灾难与创伤生命支持**
ZAINAN YU CHUANGSHANG SHENGMING ZHICHI

| | |
|---|---|
| 主　编 | 陈永强　李　浩　胡　海 |
| 出　版 | 四川大学出版社 |
| 地　址 | 成都市一环路南一段 24 号（610065） |
| 发　行 | 四川大学出版社 |
| 书　号 | ISBN 978-7-5690-3253-6 |
| 印前制作 | 跨克创意 |
| 印　刷 | 四川盛图彩色印刷有限公司 |
| 成品尺寸 | 170mm×240mm |
| 插　页 | 30 |
| 印　张 | 8.75 |
| 字　数 | 203 千字 |
| 版　次 | 2020 年 8 月第 1 版 |
| 印　次 | 2020 年 8 月第 1 次印刷 |
| 定　价 | 78.00 元 |



扫码加入读者圈

◆ 读者邮购本书，请与本社发行科联系。
电话：(028)85408408/(028)85401670/
(028)86408023　邮政编码：610065
◆ 本社图书如有印装质量问题，请寄回出版社调换。
◆ 网址：http://press.scu.edu.cn

四川大学出版社
微信公众号

# 作者团队简介

## 总顾问

**曹　钰**

四川大学华西医院急诊科科主任

急诊医学博士博士研究生导师

中国医师协会急诊医师分会副会长

中华医学会急诊医学专委会常务委员

中华医学会急诊医学专委会灾难学组组长

四川省急诊医学学科带头人

四川省急诊医学会主任委员

四川省急诊医师协会候任会长

## 主　编

**陈永强**

香港护理专科学院重症监护院士

香港明爱专上学院健康科学院副教授

（原）香港威尔斯亲王医院ICU临床护理专家（CNS）

美国心脏协会（AHA）BLS & ACLS课程主任导师

美国NAEMT学院院前创伤生命支持（PHTLS）创伤课程导师

美国NAEMT学院高级医疗生命支持（AMLS）院前救护课程导师

美国NAEMT学院灾难响应（AHDR）课程导师

四川大学-香港理工大学灾后重建与管理学院灾难及创伤生命支持（DTLS）

课程主任导师/客席教授
澳大利亚危重病学会高级危重病护理学（ACCN）课程导师
香港医学专科学院医学模拟教学及创伤化妆课程导师
香港心理卫生会心理急救导师
中华护理学会全国性ICU专科护士培训班讲师
香港危重病护理学院（HKCCCN）教育委员会委员
中华护理学会重症监护委员会副主任委员
中国医学救援协会（护理分会）专家会员
香港理工大学护理学院兼任导师
澳门科技大学兼任导师

**李　浩**

物理治疗学博士　高级实验师　实验室主任
美国物理治疗协会（APTA）注册物理治疗师
美国心脏协会（AHA）心肺复苏BLS/AED认证成员
美国阿尔茨海默（Alzheimer）和智障协会（EHADA）CDP认证成员
国际物理医学与康复医学协会灾难分会ISPRM DRC分会专委和财务官
泛珠三角区域运动医学联盟（PPRM-SMA）理事会常务理事
西部运动医学关节镜联盟会（WASMA）委员会委员
四川大学—香港理工大学灾后重建与管理学院灾难及创伤生命支持（DTLS）课程主任

**胡　海**

中国国际应急医疗队（四川）副队长
中国卫生应急移动医疗救治中心（四川大学华西医院）副队长
国家紧急医学救援综合基地（四川）办公室主任
世界灾难与急诊医学协会（WADEM）委员
中华医学会灾难医学分会青年委员
中华医学会急诊分会灾难学组委员
中国医学救援协会青年科学家委员会委员

中国医学救援协会科普分会委员
美国心脏协会（AHA）BLS & ACLS课程导师
美国灾难生命支持基金会（NDLSF）BDLS & ADLS课程导师
四川大学—香港理工大学灾后重建与管理学院灾难及创伤生命支持（DTLS）课程主任导师

## 副主编

**唐时元**

四川大学华西医院主治医师，急诊医学硕士
四川省医学会灾难医学分会青年委员会副主委
四川省医师协会急诊分会秘书
美国心脏协会（AHA）BLS & ACLS课程导师
美国国家灾难生命支持课程（BDLS&ADLS）导师
美国外科学会（ACS）创伤生命支持课程（ATLS）资质认证成员
中国医学救援协会航空医疗救护员
香港中毒咨询中心（HKPIC）临床毒理学认证学员

**姚　蓉**

四川大学华西医院急诊科副教授，医学博士
四川省医师协会急诊医师分会委员
中华医学会急诊分会院前学组委员
中国老年学会急诊分会中毒学组委员
中国医师协会急诊医师分会危重病学组委员
四川省医学会急诊专委会中毒复苏学组委员
美国心脏协会（AHA）BLS & ACLS课程导师
四川省卫计委学科带头人后备人选

**叶　磊**

四川大学华西医院急诊科护士长，硕士

四川大学华西护理学院副主任护师，四川大学灾难医学中心副主任护师
中华护理学急诊专委会副主委委员
四川省护理学会急诊专委会主任委员
四川省护理学会灾难护理专委会候任主任委员
四川省护理学会第九届理事会理事
中华护理学会男护士工作委员会委员
中华医学会急诊分会护理组副组长
四川省急诊专科护士华西基地负责人
美国心脏协会（AHA）BLS & ACLS课程导师
四川大学—香港理工大学灾后重建与管理学院灾难及创伤生命支持（DTLS）课程主任导师
人民网“科普中国”科学顾问

| 章 节 | 作 者 | 工作单位 | 职 位 |
|---|---|---|---|
| 第一章 | 张建娜 | 四川大学华西医院急诊科 | 护士长<br>课程导师 |
| | 袁震飞 | 四川大学华西医院急诊科 | 护士长<br>课程导师 |
| 第二章 | 陈 璇 | 四川大学华西第二医院儿童血液肿瘤科 | 护师<br>课程导师 |
| | 赵 静 | 四川大学华西第二医院急诊科 | 护士长<br>课程导师 |
| 第三章 | 黄晓鸣 | 四川大学华西第二医院PICU | 护士长<br>课程导师 |
| | 夏 蕊 | 成都市第二人民医院急诊科 | 护士长<br>课程导师 |
| 第四章 | 李 鑫 | 四川省医学科学院·四川省人民医院急诊急救部 | 护士长<br>课程导师 |
| | 马 丽 | 四川大学华西第二医院儿童心血管科 | 护士长<br>课程导师 |
| 第五章 | 廖天治 | 成都市第二人民医院神经内科 | 护士长<br>课程导师 |
| | 李小玉 | 绵阳市中心医院儿童医学中心 | 护士长<br>课程导师 |

| 章节 | 作者 | 工作单位 | 职位 |
| --- | --- | --- | --- |
| 第六章 | 黄文姣 | 四川大学华西医院小儿外科 | 护士长<br>课程导师 |
| | 任秋平 | 四川大学华西医院肝脏外科 | 主管护师<br>课程导师 |
| 第七章 | 卓　瑜 | 四川大学华西医院心理卫生中心PICU | 护士长<br>课程导师 |
| 第八章 | 张钟满 | 成都市第二人民医院ICU | 护士长<br>课程导师 |
| 第九章 | 叶　磊 | 四川大学华西医院急诊科 | 护士长<br>课程主任导师 |
| 第十章 | 胡　海 | 四川大学华西医院急诊科 | 医生<br>课程主任导师 |
| 第十一章 | 李　浩 | 四川大学-香港理工大学灾后重建与管理学院 | 高级实验师<br>课程主任 |

全书审读：王　维

内容校对：刘代骏

摄　　影：聂开来

# 序

2008年，举世震惊的“5・12”汶川大地震牵动着每一个人的心，大面积的地区受到严重破坏。地震发生后，我们恪守医护人员的使命与责任，投身到这场重大灾难的紧急医学救援行动中，或奔赴灾区，或留守后方医院，共同救助三十余万在地震中遇险受伤的同胞。这场史无前例的救援行动让我们深刻地认识到：凡事预则立，不预则废。我们的医学救援人员必须具备良好的应急医疗知识和创伤处理的技能，才能挽救更多的伤员；我们的医疗体系需要更多的医务人员来从事紧急医学救援专业工作。

十余年间，经历了不断的经验总结和探索发展，我国的紧急医学救援已逐步形成独特的体系，在灾前预警与评估、紧急医学救援培训、紧急医学救援服务、灾后重建与管理等方面都取得了显著的进步。随着社会的进步与发展，已有更多的医务工作者特别是护理人员希望能学习紧急医学救援相关专业知识，但在国内尚缺乏专门针对护理工作者提升紧急医学救援理论与技术的教材，因此我们撰写了本书。

《灾难与创伤生命支持》（*Disaster Trauma Life Support, DTLS*）是专业的导师团队为培养护理专业学员的紧急医学救援理论与实践能力而精心设计编写的一本重要课程教材。本教材的内容和形式得到了四川大学—香港理工大学联合培养灾难护理专业研究生的一致认可；应用此教材的两期小班制短期培训实践班也收效甚好，受到全国各地护理专业学员的好评。应广大继续教育学员的需求，本书导师团队决定将本课程教材正式出版发行，以期更好地在全国范围内推广和普及灾难与创伤生命支持专业知识和技能。

全书共24章，分为上下篇两个部分，上篇11章和下篇13章，共计20.3万字。教材的第一部分将讲述灾难救援医学的相关知识，包括应急救援的基础知识和前沿理念、现场检伤分类医疗技术、创伤现场处理技术、儿童创伤救援固定和转移技术等；第二部分以图文并茂、通俗易懂的形式，从不同视角对每一种技术动作进行了详细说明和示范，方便读者学习和参考。

客观而言，灾难无处不在，无时不有，作为目前鲜有的护理专业培训教材，我们希望并深信本书能够帮助读者更加系统和快捷地学习到前沿实用的灾难医学救援知识和技能。

# 前言
Foreword

近年来世界各地灾难的发生十分频繁，所造成的人员伤亡和社会基建破坏也十分严重。当灾难来临时，没有人能够抵挡，也没有人能够对抗。但无论是什么种类的灾难，它所带来的医疗问题和公共卫生问题大致是类同的，所以我们要学会如何应对灾难，减少灾难带来的恶劣影响。

本书是特别为所有参与灾难救援的医疗人员（包括护士、医生、120急救中心人员、救援人员、志愿者等）所设计的备灾培训理论与操作指南，希望能够增强相关人员的灾难应对能力。

本书分为上、下两篇。

上篇有11章，包括灾难管理、危险品事故管理、创伤管理、现场及创伤评估、重要创伤管理、其他创伤管理、灾难心理急救、转运及救治危重伤员、灾难救援——从汶川到尼泊尔、如何建立院内医疗应对系统、如何开展备灾培训项目。

下篇有13章，包括分诊、事故指挥系统、核生化个人防护装备、伤口缝合、困难气道管理、锁定法、各类创伤干预、夹板及担架、床单卷解救法、KED解救法、创伤评估和脊柱固定（成人）、创伤评估和脊柱固定（婴儿）、危重伤员转运及急救。

希望这本书能对您有帮助！

David CHAN　陈永强

2020年8月

# 目 录
CONTENTS

## 上 篇

## 下 篇

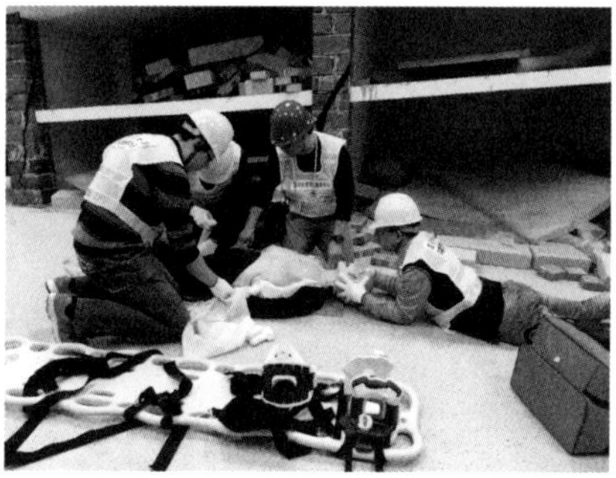

# 上 篇

# 第一章 灾难管理
# （Disaster Management）

## 第一节 灾难的概念和特点

灾难（Disaster）是指严重及突发的公共事件，它严重扰乱社会运行秩序，造成广泛的人员伤亡、财物损失，令社会基建受到破坏，并且灾区无法依靠自身资源应对。灾难也指人与环境之间的生态关系出现破裂或失衡。它在大多数情况下是突发的事件，同时规模庞大，灾区不能靠自身资源应付，往往需要向外界求助及接受国内国际支援。

灾难主要有三个特点：第一，对人类和社会基础建设带来损害；第二，往往是严重和突发事件，其中突发事件占大部分比例；第三，灾区无法通过自身资源来应对，需要外来的援助。灾难管理学是由管理学、灾难医学、急诊医学和公共卫生学结合所产生的学科。灾难医学与其他传统医学在处理伤员的原则上的区别是：传统医学的原则是尽最大努力去救治每一位病人（就是用最多的人力资源去救治少数的病人），而灾难医学的原则是尽最大努力去救治最多的人（就是用最少的人力资源去救治最多的病人）。没有人能准确预测下一次灾难出现的时间、地点和复杂性。但是所有灾难，不论是什么原因或种类，都会带来相似的医疗问题和公共卫生问题。

## 第二节 灾难的分类

灾难可分为自然灾难（Natural Disaster）及人为灾难（Man-made Disaster）两大类别（见表1.1）。自然灾难根据其产生方式可分为突然发生的灾难和缓慢发生的灾难两类。突然发生的灾难包括地震、飓风、海啸等。缓慢发生的灾难包

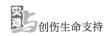

括干旱、饥荒等。它们在发生的时间、受灾区域及受灾人数上都有局限性，如果造成大规模的人员伤害且救灾资源不足，后果将极其严重。人为灾难也被称为大规模伤亡事故（Mass Casualty Incident，MCI），如大型交通事故、战争、恐怖袭击等。

**表1.1　灾难的分类**

| 灾难分类 | 举　　例 |
| --- | --- |
| 自然灾难 | 突然发生：地震、飓风、海啸、洪涝、山体滑坡、龙卷风、火山爆发 |
| | 缓慢发生：干旱、饥荒 |
| 人为灾难 | CBRNE事故（Chemical，Biological，Radioactive，Nuclear & Explosive Incident，化学事故、生物事故、辐射事故、核事故、爆炸事故）：工业意外 |
| | 运输意外：海难、陆难、空难 |
| | 坍塌事故：建筑物坍塌、矿井坍塌 |
| | 人类冲突：内乱、种族冲突、恐怖活动、战争 |

## 第三节　灾难的严重程度

相同种类的灾难可能产生不同的结果，其结果取决于灾难的稳定性、伤员的数目、受损程度和资源的供给及运用能力。不同种类的灾难也可能造成相似的结果，包括人员伤亡和财产损失。灾难的严重程度可以通过以下三种方式去预测或评价：潜在损害事件分级、医疗严重度指数、灾难严重程度评分。

### 一、潜在损害事件分级

潜在损害事件（Potential Injury/Illness Creating Events，PICE）是指那些最初表现为静态并且控制良好的局限性事件，但可能很快演变成区域性、国家性乃至全球性的大范围灾难。凯宁格（Koenig）等人指出，潜在损害事件分级是评估灾难的严重程度的一种手段，通常涉及三个方面的因素：①事件的稳定性；②受影响地区的资源供给和运用能力；③受影响程度。当事件是静态的，可利用的资源是足够的，即不需要外界支持，且仅局限于当地范围，可被评为0级，不需要启动外部援助。当事件是动态的，可利用的资源紧缺，事件演变成区域性的，便被评为Ⅰ级，外部援助此时会被设定于警觉状态，根据事件持续发展，受影响地区随时准备接受轻度的外部援助。动态的事件持续演变，没有可利用的资源，并波及全国，便被评为Ⅱ级，外部援助此时会被设定于待命状态。根据事件持续发展，受影响地区随时准备接受中度的外部援助。当动态的事件演变为国际性，完全没有可利用的资源，便被评为Ⅲ级，外部援助此时会被设定于启动状态，此时受影响地区极度需要外部援助（见表1.2）。

表1.2　PICE分级

| 稳定性 | 资源 | 影响范围 | 分级 | 需要外援 | 外部援助情况 |
|---|---|---|---|---|---|
| 静态 | 足够 | 当地 | 0 | 不需要 | 未启动 |
| 动态 | 不足 | 区域性 | Ⅰ | 轻度需要 | 警觉 |
| 动态 | 没有 | 全国性 | Ⅱ | 中度需要 | 待命 |
| 动态 | 没有 | 国际性 | Ⅲ | 极度需要 | 启动 |

## 二、医疗严重度指数

波尔（Boer）等人于1989年提出医疗严重度指数（Medical Severity Index，MSI），反映灾难的严重程度，属于一种预期式评估指标。MSI取决于三个因素。①伤员负荷量（Casualty Load or Number，N）：估计伤员数目。②事故严重程度（Incident Severity，S）：分为红色（T1）、黄色（T2）、绿色（T3），以及黑色（DOA）四级。③医疗处置能力（Medical Service Capacity，MSC）：包括医疗救援能力（灾场处理能力）、运载伤员量（转运能力）及医疗处理量（医院处理能力）。MSI的计算公式为：$MSI = N \times S / MSC$。如果$N \times S < MSC$则为事故，如果$N \times S > MSC$则为灾难。

一般来说，一所医院每小时可以处理的伤员量为全院总病床数的1%～3%。举例来说，有1000张病床的医院，每小时可救治处理的伤员为10～30人。

## 三、灾难严重程度评分

由波尔（Boer）及卢瑟福（Rutherford）于1990年发展出来的灾难严重程度评分（Disaster Severity Score，DSS），主要从以下七个方面进行评分：①事件对社区的影响；②事件发生的原因；③事件持续时间；④事件影响范围；⑤事件受灾人数；⑥事件所导致伤员占幸存者比例；⑦救援所需时间。根据这七个方面进行评分，分数范围为1～13分，分数越高，灾难越严重，见表1.3。

**表1.3　灾难严重程度评分**

| 序号 | 项目 | 分数 |
|---|---|---|
| 1 | 事件对社区的影响 | 否＝1<br>是＝2 |
| 2 | 事件发生的原因 | 人为灾难＝0<br>自然灾难＝1 |
| 3 | 事件持续时间 | ＜1小时＝0<br>1～24小时＝1<br>＞24小时＝2 |
| 4 | 事件影响范围 | ＜1km＝0<br>1～10km＝1<br>＞10km＝2 |
| 5 | 事件受灾人数 | 25～100人＝0<br>100～1000人＝1<br>＞1000人＝2 |
| 6 | 事件所导致伤员占幸存者比例 | 大多数幸存者不需要住院治疗＝0<br>50%幸存者需要住院治疗＝1<br>＞50%幸存者需要住院治疗＝2 |
| 7 | 救援所需时间 | ＜6小时＝0<br>＜24小时＝1<br>＞24小时＝2 |

## 第四节　灾难管理周期及事故干预指挥系统

### 一、灾难管理周期

由于很多灾难来临时毫无预兆，所以当灾难发生时，受影响的地区和公众往往应对不及。作为医护人员，必须具备备灾和救灾实践层面的知识和技能。世界卫生组织（World Health Organization，WHO）于1999年提出灾难管理周期（Disaster Management Continuum）的概念（见图1.1）。灾难管理的四个阶段包括减灾期（Mitigation）、备灾期（Preparedness）、应对期（Response）和康复期（Recovery）。

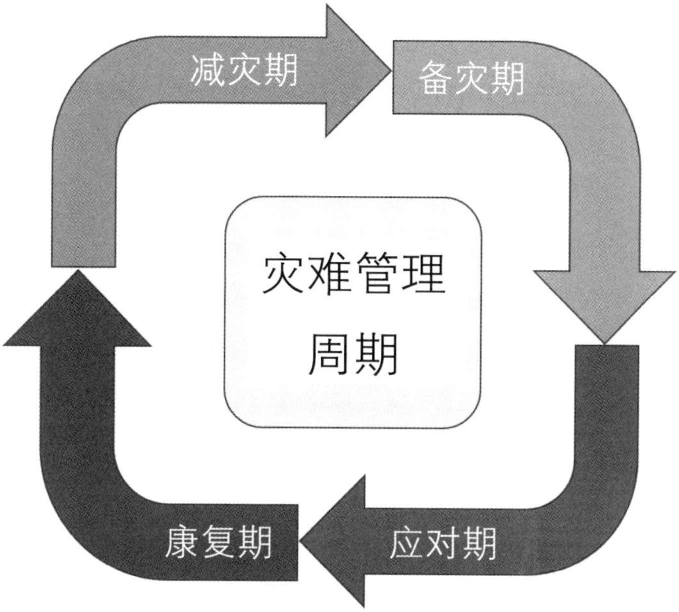


图1.1　灾难管理周期图

**（一）减灾期**

减灾是指认知风险和尽力应对风险，并努力减少灾难带来的危害，增加社会和公众抵御此类不可抗力事件的能力，或减少灾难对社会造成的不良影响。减灾期属于灾前阶段，旨在发现并处理一些风险因素，以减低灾难对社区建设及生命财产所造成的损坏。

**（二）备灾期**

备灾是指制订正式救灾计划的过程。备灾由很多部分组成，包括教育培训、公共卫生资源识别和分类、标准作业程序制定、紧急救灾预案、通信计划、物资储备等。备灾期也属于灾前阶段，旨在借助培训去促进公众及救援人员灾难意识的建立，提高其应对灾难的能力。培训形式包括理论学习、实际操作、桌面演练和技能演练。

### （三）应对期

应对期是政府各责任机构和部门与地方组织等一起启动紧急救灾行动的阶段。它是灾难实际发生的阶段，医疗应变队会对伤员进行医疗救援，而公共卫生应变队会为伤员及幸存者提供生命线服务（Lifeline Services）。

### （四）康复期

康复期是灾难发生以后的阶段。康复期的康复与重建工作包含很多方面，如实际生理需求与生理康复等，旨在协助伤员、幸存者和救援人员从灾难的影响中恢复过来。康复与重建工作的难易由灾难造成的社会影响程度决定。

## 二、事故干预指挥系统

政府机构在备灾阶段根据本地的灾难情况制订具有科学性和可行性的应急预案和紧急救灾计划。一旦灾难发生，应启动标准突发事件管理机制并根据灾难分级进行应对。标准突发事件管理机制的启动及实施，是在事故干预指挥系统（Incident Command System，ICS）的统筹和指挥下进行的（见图1.2）。事故指挥官（Incident Command）是整个灾难救援的总指挥，下属三位助手（联络官、公共信息官、安全官）及四个行动小组（规划组、应对组、物流组、财务组）。三位助手各司其职：联络官（Liaison Officer）负责协调和调配物资，公共信息官（Public Information Officer）负责与媒体及公众沟通，安全官（Safety Officer）负责给出建议及开展培训，以确保救援人员的安全。四个行动小组互相协调：规划组（Planning Section）负责救援行动的具体规划，财务组（Finance/Admin Section）负责购买物资，物流组（Logistics Section）负责运输物资等后勤保障工作，应对组（Operations Section）负责实际参与救援行动。相关的管理机构应根据事故干预指挥系统的处理原则，集中规划、有序指挥，明确救援人员的角色分工，保障不同部门在事故干预指挥系统中通畅、充分、有效地协同合作。事故干预指挥系统统筹中央协调，负责调动不同队伍，以确保快速、有效地开展救援工作和公共卫生服务。事故干预指挥系统旨在加强各部门、组织间的合作，确保后勤保障和进行财务管理，最大限度地消除不可控因素，减少灾难造成的混乱。在灾难期间有很多不同专业的人员及志愿团体参与救援，如军队、警察、消防人员、救护人员、工程师、机械操作员，以及世界卫生组织、红十字会等非政府组织。如果没有ICS做中央统筹和指挥，整个救援行动会变得很混乱。

图1.2　事故干预指挥系统（ICS）

事故干预指挥系统派遣救援队到达灾难现场。救援队主要包括：医疗应对小组进行搜索和救援，公共卫生应对小组提供生命线服务，精神健康小组提供心理急救。第一队到达现场的救援队队长自动成为现场总指挥（Site Commander）。现场总指挥首先进行现场评估，以确定事故的时间、地点、类型、危险性、伤员人数及严重程度，以及道路是否畅通、是否需要增援。而后现场总指挥会进行灾场环境设置，包括热、暖、冷三区的设置，红、黄、绿、黑四区的设置，以及救护车等候区及行车路线的设置等。而其他到达现场的救援队随后进行伤员的分诊救治及创伤管理。

## 第五节　医疗及公共卫生应对

当灾难发生时，事故干预指挥系统会派出两个应对小组参与救援：一个是医疗应对小组（Medical Response Team），参与医疗救援；另一个是公共卫生应对小组（Public Response Team），为灾民提供生命线服务。

## 一、医疗应对

医疗应对（Medical Response）或医疗救援一般包括四个步骤：搜索及救援（Search and Rescue），除污、检伤分诊及初步稳定（Decontamination, Triage and Initial Stabilization），确定性治疗（Definitive Care），以及疏散或撤离（Evacuation）。

### （一）搜索及救援

**1. 搜索**

搜索即寻找幸存者并判断其位置，目的是为救援行动提供依据。搜索可分为人工搜索、搜寻犬搜索和仪器搜索三大类。

（1）人工搜索。人工搜索由搜索组和救援组进行，目的是迅速发现幸存者，搜索方法包括地毯式搜索、旋转式搜索等。

（2）搜寻犬搜索。搜寻犬搜索是利用训练有素、嗅觉灵敏的搜救犬进行搜索，寻找被掩埋于废墟的幸存者。

（3）仪器搜索。仪器搜索是利用一些高科技的仪器设备对认为有可能掩埋幸存者的倒塌建筑等进行搜索，以发现或定位幸存者，主要应用的仪器设备有热成像生命探测仪、声波探测仪、光学探测仪等。

**2. 救援**

根据以往的灾难救援经验，救援的黄金时间是灾难发生后第一个24小时，因此必须尽早尽快开展救援行动。在灾难发生72小时之后，伤员在缺水、缺粮及失救的情况下，救援的成功率明显下降。

首先事故干预指挥系统会派遣人员对灾区进行快速需求评估，以确认灾区的灾难程度、卫生服务和应变能力，然后再开展救援。救援主要分为五个步骤。

（1）封控现场。灾难事件现场将会有大量群众、亲友及志愿救助者，警戒分队应首先迅速封锁现场，疏散围观群众，划定警戒区域，避免盲目施救，并在公安、交通部门的协助下，保证现场的秩序和安全。

（2）安全评估。在封控现场的同时，由工程技术人员对现场进行安全评估，确定是否存在二次倒塌等危险的可能性，如有危险，应先排险后再计划救援行动。

（3）确定搜救方法。通过现场询问、调查等方法，了解现场的基本情况，而后采取人工搜索、仪器搜索等方法确认是否有人员生存并确定其位置。

（4）实施救援。当确认被困人员的位置后，利用救援专用设备，采取破拆、顶升等方式，创造救生通道，救出被困人员。救援时，可运用起重、支撑、破拆及其他方法使被困人员脱离险境。

（5）医疗救护。在和被困人员取得联络后即开始进行医疗救助活动，可先进行心理安慰，再根据受伤情况进行固定、包扎等医疗救护行动。此时的医疗救护可由非专业人士完成。

### （二）除污、检伤分诊及初步稳定

1. 除污或洗消（Decontamination）

如果是CBRNE事故，应对伤员进行除污后再分诊。除污是协助受污染人员安全除去身上的污染物，以免进一步污染伤员或环境及救援人员。

（1）主要目标。除污的主要目标是保护人员和设施免受污染，协助受污染人员分诊及治疗。

（2）方法。除去伤员身上所有衣物，包括内衣裤，放入塑料袋并密封，随后用温肥皂水冲洗全身约15分钟。此外所有受污染的水也应收集起来并做适当处理。

（3）冷区及暖区的设置。发生CBRNE事件时，为避免救援人员被污染，方便对伤员的救治，需设定冷区、暖区、热区并标识。热区即CBRNE事故发生地；暖区即除污区，分隔热区及冷区；冷区即分诊区及医疗站。暖区和冷区设在热区的上风口，热区距暖区约300米，暖区距冷区约50米。

（4）个人防护装备。个人防护装备的作用是保护人体免受生物化学物质的直接伤害。可根据事件性质、严重程度将个人防护装备分为四个级别：A级个人防护装备（最高级别防护），供消防部门在热区使用；B级个人防护装备，供去污人员在暖区使用；C级个人防护装备，由负责分流和安保的人员在暖区和冷区使用；D级个人防护装备，供医疗队在冷区使用。

2. 检伤分诊（Triage）

当可用的医疗卫生资源与需求出现较大矛盾时，必须决定怎样最好地分配有限的医疗卫生资源。检伤分诊就是一种医疗卫生资源分配决策系统，其目的是用最少的资源抢救最多的伤员。发生灾难时，造成的伤亡人数超过当地卫生部门的承受能力，医疗需求与医疗资源之间存在严重的不平衡，在这种情况下，检伤分类需要决定谁得到治疗谁又暂时无法得到治疗。目前针对大批量伤员的检伤分类方法有多种，使用最广泛的是简单分诊及快速治疗（Simple Triage and Rapid Treatment，START）分诊系统。START分诊主要根据伤员的呼吸、组织灌注及意识状况将伤员分为四类：红色标伤员为危重并需要实时接受抢救的伤员（气道、呼吸、循环或意识有问题的伤员），黄色标伤员为可延迟或可等候的伤员（轻伤或非生命垂危的伤员），绿色标伤员为可走动的轻伤伤员，而黑色标伤员为已经死亡的伤员。

3. 初步稳定（Initial Stabilization）

对伤员进行检伤分诊后需要对伤员进行伤情评估及给予初步稳定措施，主要有四个步骤。

（1）初步评估（Initial Survey）。

①固定颈椎并检查气道是否通畅（Airway & Cervical Immobilization）。首先徒手固定伤员颈椎，再检查伤员的口腔内有无异物，颌面部、主气管有无可能引起气道阻塞的损伤。如果伤员能说话代表气道畅通。但如果伤员气道存在问题，应立即使用徒手法开放气道或插入气道工具，以保持气道畅通。

②检查呼吸（Breath Check）。用看、听、感觉的方法检查呼吸。看伤员面部有无发绀，是否有使用呼吸肌，用听诊器去听伤员是否有呼吸，呼吸率是否太快或太慢，两侧胸部起伏是否对称。

③检查循环及控制出血（Circulation & Bleeding Control）。首先检视全身是否有严重出血，同时检查桡动脉及股动脉搏动。桡动脉搏动存在表示收缩血压约为80mmHg，股动脉搏动存在表示收缩血压约为70mmHg，而颈动脉搏动存在表示收缩血压约为60mmHg。最后检查皮温及指甲充盈时间，正常指甲充盈时间少于2秒。

④意识功能检查（Consciousness Check）。利用AVPU（Alert, Verbal, Pain,

Unresponsive）指数评估伤员的意识水平，并检查瞳孔大小和对光反射。

⑤暴露及快速创伤评估（Exposure & Rapid Trauma Survey）。剪开伤员衣物，并进行从头到脚的全身快速检查，以免遗漏伤情。

（2）上板即走（Load and Go）。

如伤员病情不稳定，应把伤员固定于脊柱板，并将其快速转运到灾区现场建立的救治中心。

（3）进一步评估（Secondary Survey）。

在运送伤员途中再为伤员进行进一步评估，以找出其他创伤及确定伤情是否恶化。进一步评估包括：采集病史，检查生命体征，再进行从头到脚的全身检查。快速的病史采集主要包括以下六个部分，英文首字母缩写为SAMPLE：体征与症状（Signs and Symptoms），过敏史（Allergies），药物（Medications），既往史/孕产史（Pertinent Past History/Pregnancy），最后一次进食/经期（Last Meal/LMP），导致伤害的事件（Events Leading to the Injury）。

（4）心理急救。

灾难伤员、幸存者及救援人员都有可能因灾难的刺激或长时间的高度紧张工作而出现创伤后应激障碍（Post Trauma Stress Disorder，PTSD），因此医护人员需向他们提供实时的心理急救。

### （三）确定性治疗

根据灾难所致的伤情，在灾区的医疗站采取相应的确定性的治疗方案，如伤口清创，以降低伤员出现严重并发症的风险。

### （四）疏散或撤离

重大灾难发生后，伤员多，伤情复杂，灾难现场的救治条件有限。情况允许时，需要将伤员转移至医疗设备更好的医疗救治中心。其目的主要是：减轻灾区压力；为危重伤员提供更佳的医护服务；为特殊伤员提供在灾区不能开展的救护措施，如烧伤、挤压伤伤员等。在某些情况下伤员可能需要延迟撤离，其主要原因如下：伤员受污染后没有得到及时、妥善处理；伤员患某种传染性疾病；伤员病情不稳定，转运风险高。

撤离方式主要如下：汽车或救护车转运最简便、迅速，适用于各种情况；铁路转运能运载较多伤员，运行平稳；水上转运取决于灾场是否接近海边或河边；飞机转运包括直升机和固定翼飞机，这种转运机动性强、速度快。飞机转运需考虑转运过程中可能出现的并发症，如高海拔的气胸、低氧血症、低体温，以及震动可能会加重不稳定性骨折的病情等。

## 二、公共卫生应对

公共卫生应对（Public Health Response）是指在灾后向幸存者提供维持生命的生命线服务，满足幸存者水、食物、衣物、避难所、卫生、医疗/疫苗、安全、运输及通信等方面的基本需要。

### （一）水、食物

应根据人的基本需求，提供每日必需的水与食物，卫生用水每人每日不低于20L，饮用水每人每日不低于5L，食物热量每人每日不低于1900千卡。

### （二）避难所、卫生、医疗/疫苗

提供每人3.5平方米的避难场所。根据灾情、疫情特点提供医疗救护服务，有条件时可预防性接种疫苗。

公共卫生应对小组需要进行疾病监控并定期向事故干预指挥系统或相关感控中心报告情况，内容包括：受影响地区，受灾人数和灾难严重程度，脆弱群体的种类及数目，出现哪种传染病，发病率和死亡率等。公共卫生应对小组亦需要评估受灾地区的应变能力，包括：评估当地医疗和公共卫生服务的完整性和充足性，如急诊服务、住院服务、门诊服务、药房服务、公共卫生条件等；评估是否有必要联系邻近社区获取协助；联络可提供人道主义救援的非政府组织并获取其支持。

（张建娜、袁震飞）

# 第二章　危险品事故管理
# （Hazmat Management）

现代毒理学（Toxicology）和药理学（Pharmacology）之父帕拉塞尔苏斯（Paracelsus，1493—1541）指出，所有药物皆为毒药，没有例外，毒药与治疗药物之间只有剂量区别。毒药位列于四大危险品（易燃易爆物品、危险化学品、放射性物品和毒药）之中，为避免毒药等危险品危及人身安全和财产安全，加强危险品管理势在必行。参与灾难管理的前线医护人员，有必要懂得如何有效处理危险品。

## 第一节　常见危险品

危险品（Hazardous Material，Hazmat），是指易燃易爆物品、危险化学品、放射性物品等危及人身安全和财产安全的物品。危险品按国际惯例一般可分为以下九大类别：爆炸品、气体、易燃液体、易燃固体、氧化剂、毒药及感染物、辐射物质、腐蚀性物质和其他物质。专家发现，64%的危险品事故发生在固定区域内（如家中、工厂）。涉及的危险品有固体、液体和气体三种形态，其中以气体危险品的散播最迅速和广泛，伤员数目也最多。

## 第二节　危险品的主要特征

本节将讨论何谓毒素及毒物、危险品的物理特性、危险品进入人体的主要途径，以及常见危险品的毒物效力学和毒物动力学。

## 一、毒素及毒物

### （一）毒素

毒素（Toxin）指生物性毒素，是有机体（如蜘蛛、蛇、蝎子、植物、真菌或细菌）新陈代谢所产生的有毒物质。例如，青霉素便来自青霉菌。

### （二）毒物

毒物（Toxicant）是指在一定条件下以较小剂量进入生物体后，能与生物体之间发生化学作用并导致生物体器官组织功能和（或）形态结构损害性变化的化学物，如氰化氢。

很多危险品是毒物。很多化学物品或危险品同时有几个不同名称，容易使人混淆，因此美国化学学会（American Chemistry Society）为所有的化学物品编制了统一号码，称为CAS编号（Chemical Abstracts Service Number，CAS no.）。例如，水银（汞）的CAS编号为7439-97-6。

## 二、危险品的物理特性

危险品有三种物理状态，分别是固体、液体和气体。

### （一）固体危险品

固体危险品有固体的体积和形状，可被服食，或以粉尘的形式被吸入，或通过皮肤和黏膜被吸收。

### （二）液体危险品

液体危险品有固定体积，呈流动状态且形状可被改变，可被服食、注射，通过皮肤或黏膜被吸收，或挥发后被吸入。

### （三）气体危险品

气体危险品的体积和形状均可变。人最容易暴露于气体危险品中，一般受影响方式是吸入。

## 三、危险品进入人体的主要途径

危险品可以通过以下四个主要途径进入人体：吸入，经皮肤及黏膜吸收，服食，注射。

### （一）吸入（Inhalation）

吸入在工作环境、危险品事故及火灾事故中最常发生。伤员因吸入气体、烟雾、粉尘、水雾等，将有毒物质吸进体内。最好的解决办法是使伤员远离源头，减少暴露，以减少有毒物质吸入量。

### （二）经皮肤及黏膜吸收（Skin & Mucous Membrane）

伤员可能经皮肤及黏膜吸收有毒物质。完好的皮肤是天然屏障，但不能隔绝所有有毒物质。某些物质比如有机磷酸盐可以很容易通过皮肤吸收，进而引起全身中毒；在炎热的环境中，皮肤的吸收会增加；生殖器部位吸收化学物质的速度比四肢部位快许多倍；脂溶性化学物质更容易经皮肤被人体吸收；而受损皮肤更容易吸收危险物质。如有明显伤口，应缝合后再转运；发现伤员时，应使其尽快远离现场，然后进行除污：脱去伤员所有衣服并用清水冲洗；脂溶性化学物质可使用水和清洁剂清洗。

### （三）服食（Ingestion）

这种情况通常发生在蓄意服毒自杀的成人或无意服用有毒物质的儿童身上。无意服用有毒物质的情况通常是进食前没有彻底清洁双手，或是食用来路不明的食物。有证据显示，消化道除污并不能降低发病率或死亡率，因此救治时应尽快明确毒物，使用拮抗剂治疗。

### （四）注射（Injection）

注射包括皮下注射、肌肉注射、静脉注射三种方式。通过注射途径进入人体的有毒物质被吸收速度快，应尽快明确毒物，使用拮抗剂治疗，达到救治目的。

## 四、常见危险品的毒物效力学和毒物动力学

常见危险品包括刺激性气体、窒息剂、抗胆碱能类药物、腐蚀剂、碳氢化合物等。这些危险品都具有其独特的毒物效应动力学（Toxicodynamics）和毒物动力学（Toxicokinetics）性质。毒物效应动力学是指该危险品对机体（如人体）的细胞及分子产生了何种不良的作用。毒性取决于剂量、浓度、暴露持续的时间。而毒物动力学是指伤员身体如何对毒物进行吸收（Absorption）、分布（Distribution）、代谢（Metabolism）和排泄（Elimination）。吸收是指毒物通过肺、皮肤、黏膜、肠道等被吸收。分布是指危险品一旦被人体吸收，便会进入体内不同的组织中，组织再将某些物质输送到大脑、骨骼（如重金属）和神经系统（如有机磷酸盐、杀虫剂）等。代谢是指危险品在人体的主要器官（如肝、肾和肺）中被分解的过程。排泄是指人体将分解后的危险品排出体外的过程。人体可经呼吸由肺部清除几乎所有有毒气体和蒸气，因此足够通风的环境非常重要。伤员在转运至安全地带的过程中应持续吸氧，抵达安全地带后应被安置在通风的环境中，以利于废气排除。肝脏和肾脏的代谢也十分重要，能有效清除体内的毒物。正确使用拮抗剂、24小时持续水化治疗可帮助伤员快速排泄。

# 第三节　危险品事故管理的相关要素

## 一、危险品事故的管理原则

### （一）有效沟通，启动救援系统

事故发生后，应第一时间启动事故干预指挥系统，消防部门和急救医疗部门作为第一响应者应同时被启动。大型医疗中心、事故发生处就近点医院应作为第一接收单位，参与转运与救治伤员。同时启动毒物处理中心，准备分析毒物，提供解毒剂或拮抗剂。

### （二）注意救援人员的防护

根据事故中不同性质的危害因素，救援人员应采用不同方法，保护自身机体

免受伤害。个体防护装备包括三类、四级。三类是皮肤防护装备、呼吸防护装备和配套防护装备。四级是指A、B、C、D四个防护级别。

### （三）防止二次污染

应立即封锁污染点（热区），设立除污区（暖区）和事故指挥区（冷区）。

### （四）降低发病率和死亡率

根据伤员情况采取洗消、检伤分类、现场救治、快速运转、确定性治疗等一系列救治措施，尽可能降低发病率和死亡率。

## 二、评估危险品事故的特征

运用6W（Who，What，When，Where，Why，hoW）分析法评估危险品事故的特征（见表2.1）：

表2.1 危险品事故的特征的6W分析法

| | |
|---|---|
| Who：谁暴露于危险品中？ | 伤员、旁观者、医务人员 |
| What：是什么危险品？ | 什么形式：固体、气体、液体<br>什么种类：刺激性气体、窒息剂、腐蚀性物品、碳氢化合物、卤化碳氢化合物 |
| When：是什么时候发生的？ | 暴露的时间段及持续时间 |
| Where：是在哪里发生的？ | 在固定设施内或是交通事故地点 |
| Why & hoW：为什么及怎么发生的？ | 碰撞、爆炸、火灾、溢出、泄漏、破坏活动、恐怖袭击 |

## 三、易发生危险品事故的地点

任何事故的发生都有特定的环境和条件。以常见危险品为例，危险品事故多发生于固定场所（总占比64%）：其中工作场所占36%，家中占20%，其他固定场所内占8%。事故发生地点为非固定场所的交通事故占36%。而这其中涉及大量伤员的事故通常是由于伤员暴露于空气（气体、蒸气或气溶胶）中引起的，有毒物质在空气中散播迅速，使大量人员受害。

## 四、对事故现场管制区的管理

在事故发生后，立即将事故地点划分为受限制区域，即热区，该区域为污染区域，严格限制人员出入。将事故指挥中心及伤员救治区域划分为正常活动区域，即冷区，该区域为未被污染的人群区域。冷区应选在热区的上风口（即背风处），以免受污染。热区和冷区之间为幸存者、救援人员、救援设备除污的区域，即暖区，暖区与热区间隔300米，与冷区间隔50米（见图2.1）。

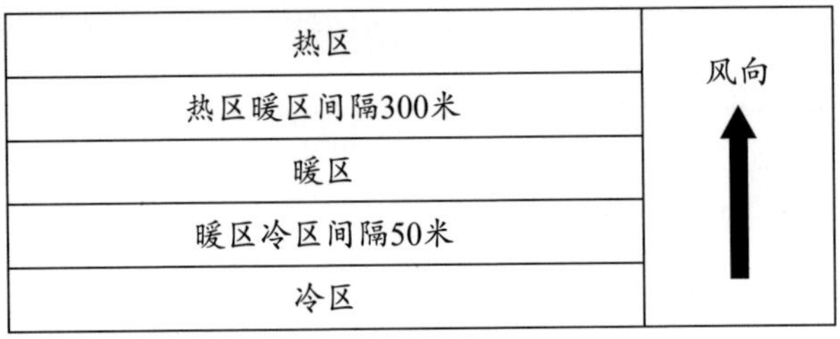


图2.1　事故现场区域设置

## 五、事故现场个人防护装备

个人防护装备（Personal Protective Equipment，PPE）作为专业装备，可为救援和医护人员提供足够的防护，避免其遭受二次污染。个人防护装备的选择依据事故现场情况以及使用者的训练水平而定。进入事故现场中心的核生化救援人员所需防护级别要高于照顾感染病人的医护人员。核生化灾难事故的个人防护装备可分为四级（见表2.2）。

**表2.2　个人防护装备级别**

| 级别 | 呼吸装置 | 可用于隔离 | 皮肤保护服 | 适用区域 |
|---|---|---|---|---|
| A | SCBA | 气体、烟雾、气溶胶、缺氧的区域 | 烟雾防护、完全密封、防化服 | 热区（事发区） |
| B | SCBA/SAR | 气体、烟雾、气溶胶、缺氧的区域 | 防液体飞溅防护服 | 暖区（除污区） |
| C | APR | 部分烟雾和气溶胶 | 连帽的、防液体飞溅防护服 | 冷区（分诊区） |
| D | N95 | 不能用于隔离 | 手术衣或标准防护服、面罩 | 冷区（医疗站） |

◎ A级个人防护装备：完全密封式化学防护服装，配备自助式呼吸器（Self Contained Breathing Apparatus，SCBA），对呼吸道、眼及皮肤提供最高级别的保护，适用于在热区有暴露危险的救援人员。

◎ B级个人防护装备：非完全密封式化学防护服装、手套和靴子，配备自助式呼吸器或正压自给式呼吸器（Supplied Air Respirator，SAR），适用于在暖区进行除污工作的救援人员。

◎ C级个人防护装备：完全密封式化学防护服装，配备空气净化呼吸器（Air Purifying Respirator，APR），适用于在冷区进行检伤分流的医护人员。

◎ D级个人防护装备：手术衣或标准的个人防护装备，配备N95口罩、乳胶手套、鞋套，适用于在冷区提供医疗服务的医护人员。

## 六、需要接受除污的人群

发生危险品事故时，可能有对危险品的预先警告信息，如有明显气味，有气体刺激眼睛或呼吸道。但单靠嗅到气味来侦测危险品事故的方法并不可靠，因为人体辨别气味的能力会随暴露时间的增加而迅速下降。长时间暴露在同一环境下，人体会失去对某种气味的辨别能力，出现嗅觉疲劳。

暴露在相应事故环境中的75%的伤员可能有外伤、烧伤或本身患有疾病（如哮喘、慢性阻塞性肺病或冠状动脉疾病等），其受危险品影响而产生的发病风险和死亡率都较高。即使危险品事故没有造成大量伤亡，伤员也往往至少同时兼有外伤（由车辆碰撞、爆炸或烧伤引起）和中毒两种情况，救援人员在救援过程中应同时处理伤员的创伤和中毒问题，以免增加伤亡。其中，只接触到气体的伤员一般不需要进行除污；受有毒物质直接污染的人需要除污，有液体或固体有毒物质黏附于身体表面者需要除污，有明显伤口者需要除污。在除污前应去掉衣服和随身物品等，在除污中应注意避免发生低温症。

## 七、对危险品事故伤员的医疗处理

危险品事故伤员医疗处理流程包括除污、基本检查与复苏、从头到脚进一步检查和中毒处理四个步骤。

### （一）除污

#### 1. 皮肤污染

吸入有毒气体/蒸气者无须做皮肤除污，曾接触固体和液体危险物质者需要做皮肤除污。除污前应脱去所有衣服并取下随身物，用清水冲洗15分钟（若污染为脂溶性毒物可添加洗涤剂进行冲洗），留意皮肤褶皱、腋窝、腹股沟等容易忽略的地方。冲洗过程中应尽量避免出现低温症，在冬季尤其应当注意。

#### 2. 眼睛除污

在送至医院途中应持续冲洗眼睛。在实际操作中要注意先摘下隐形眼镜，以便冲洗眼睛。用清水冲洗，直到眼睛pH值恢复正常。通常使用大量流动清水（11L水）冲洗，或2小时内持续同时冲洗两只眼睛。

### （二）基本检查与复苏

#### 1. 气道处理＋固定颈椎（Airway＋Cervical Immobilization）

固定头部，检查气道是否通畅。如气道通气困难，则放置气管内导管，确保呼吸通畅；不能插管者，应进行环甲膜切开术，以保持呼吸通畅。

#### 2. 呼吸处理（Breathing）

有自主呼吸者，给予高流量氧气面罩吸氧；无自主呼吸者，进行气管插管并给予100%氧气辅助通气。

#### 3. 循环处理＋控制出血（Circulation＋Bleeding Control）

如果发现伤员出现严重出血，应立即止血。可扪及脉搏搏动者，检查脉搏搏动速度。如过快，提示有休克，需滴注生理盐水；不能扪及脉搏者，根据心肺复苏指南（AHA）准则进行心肺复苏。

#### 4. 评估神经功能缺损（Disability）

运用格拉斯哥昏迷量表（Glasgow Coma Scale，GCS）检查伤员神经功能状况，如发生痉挛抽搐等，静脉滴注安定。

5. **暴露伤员＋全身快速检查（Exposure＋Rapid Trauma Survey）**

脱去所有衣物后进行除污，检查全身的所有可能创伤。

## （三）从头到脚进一步检查（在转运途中进行）

1. **获取SAMPLE病史**

体征与症状（S＝Signs and Symptoms）：寻找伤员是否有中毒的症状，例如呼吸困难、皮疹、恶心和呕吐。

过敏史（A＝Allergies）：确定伤员是否对某种药物过敏或有不良反应。

用药史（M＝Medications）：问伤员是否正服用某种药物，以了解其潜伏和已存在的疾病。

既往史/孕产史（P＝Pertinent Past History/ Pregnancy）：确认伤员既往健康状况和曾经患过的疾病，包括各种传染病、外伤史、手术史、预防接种史，特别是与目前救治状况关系密切的疾病；若为女性伤员，确定伤员是否有孕产史。

最后一次进食/经期（L＝Last Meal/LMP）：确认伤员最后一次进食（饮）的时间及食物种类等具体情况；若为女性伤员，确认伤员最后一次月经的时间。

导致伤害的事件（E＝Events Leading to the Injury）：确认危险品事故是由什么事件引起的。

2. **从头到脚评估**

（1）气道。识别能引起气道问题（如刺激、炎症、水肿或化学灼伤）的中毒综合征（Toxidrome），包括刺激性气体（氨、甲醛、氯化氢、二氧化硫）引起的中毒综合征，以及腐蚀性物质（盐酸、硝酸、硫酸、氢氧化铵）引起的中毒综合征。

（2）呼吸。识别能引起呼吸系统问题（如呼吸困难、胸部疼痛、呼吸短促）的中毒综合征，包括刺激性气体（氯气、光气、二氧化氮）引起的中毒综合征，以及使人窒息的气体（一氧化碳、氰化物）引起的中毒综合征。

（3）循环。识别能引起循环系统问题（如心律失常、氧运输干扰）的中毒综合征，包括使人窒息的气体（丙烷、一氧化碳）引起的中毒综合征、腐蚀性物质（盐酸）引起的中毒综合征，以及烃（如汽油）引起的中毒综合征。

（4）意识。识别能引起神经系统问题（如木僵、昏迷）的中毒综合征，包括胆碱（如有机磷）引起的中毒综合征，以及烃（如丙烷）引起的中毒综合征。

（5）消化系统。识别能引起消化系统问题（如肠胃炎、呕吐）的两类中毒综合征。①胃肠问题：肠胃炎、呕吐（有机磷）。②肝脏问题：肝中毒（四氯化碳）。

（6）皮肤黏膜。识别酸、碱、氧化剂和白磷等引起皮肤和黏膜问题的中毒综合征，如化学品烧伤。

### （四）中毒处理

如发现伤员出现中毒综合征，应立即采取减慢吸收、基本ABCDE评估、加速分解、加速移离和加速排除五个步骤进行中毒处理，具体步骤如下。

#### 1. 减慢吸收

表2.3　常用的除污方法

| 吸收途径 | 除污方法 |
|---|---|
| 吸入 | 将伤员搬离暴露的环境，增加通风或吸氧 |
| 皮肤黏膜 | 将伤员搬离所接触的物质，脱去衣物，用水擦拭或冲洗 |
| 服食 | 阻止进一步的消化吸收，但目前没有有效的肠道除污药剂 |
| 注射 | 冲洗伤口表面 |

#### 2. 基本ABCDE评估

定时进行基本ABCDE评估：

A＝气道处理＋固定颈椎

B＝呼吸处理

C＝循环处理＋控制出血

D＝评估神经功能缺损

E＝暴露伤员＋全身快速检查

#### 3. 加速分解

在明确有毒物质后，立即给予解毒剂，分解有毒物质。但只有少数有毒物质有解毒剂，因此救援的原则是先提供生命支持。常见的毒物和解毒剂如表2.4。

表2.4　常见的毒物和解毒剂

| 毒物 | 解毒剂 |
|---|---|
| 有机磷酸酯 | 阿托品 |
| 氢氰酸 | 葡萄糖酸氯己定 |
| 氰化物 | 亚硝酸戊酯 |

4. 加速移离

有些毒物没有特效解毒剂，在明确中毒物质后，应进行相关干预，加速将毒物移离体内，如增加氧气以加速将一氧化碳移离体内。

5. 加速排除

采用各种方法将毒物排出体外，如采用呼吸机增加排气，采用利尿剂增加排尿，采用轻泻剂增加排便。

（陈璇、赵静）

# 第三章　创伤管理
# （Trauma Management）

创伤是一种由于物理力量强烈增加而导致的身体伤害。随着工业、农业、交通运输业、建筑业等行业的发展，创伤发生率逐年上升。创伤已经成为社会一大高危因素。

常见的创伤包括交通意外、高空坠下、枪伤、刺伤、爆炸伤及烧伤等。据世界卫生组织统计，1990年全球各种创伤致死人数约为510万人，预计2020年会增至840万人，道路交通伤不断增多是造成这种增幅的主要原因之一。此外，在全球因致死致残造成的社会负担排名中，道路交通伤在1990年为第9位，预计2020年将跃升至第3位。创伤在国外是1～44岁人群主要的意外死亡原因，我国创伤致死人数每年超过20万人，伤亡人数达百万人。伤员往往因创伤而产生巨大的身心痛苦，进而增加社会资源的耗费。

创伤应急救护的院前急救由专门的现代急救医疗队（Emergency Medical Team，EMT）负责。根据急救医疗队急救医疗系统（Emergency Medical System，EMS）的训练及水平将其分为初级、中级和高级三种等级，进行不同层次的急救。不同国家的急救医疗系统不完全一样。

创伤所致死亡有三个高峰期。第一个高峰期出现于意外发生后数秒至数分钟内，幸存者极少。而第二个高峰期则出现在意外发生后数分钟至数小时内，这段时间被称为救援的“黄金时段”，因为如果伤员在其间得到及时、恰当的治疗，事故死亡率会大大降低。高级创伤护理是应对第二个死亡高峰期而产生的急救技术。参与灾难救援的医护人员需要学习和掌握高级创伤护理技术。第三个高峰期可发生于意外后的数日至数周内。此类死亡的原因多为创伤引起的后期并发症。此时期伤员的死亡率高低主要取决于前两个高峰期的处理是否及时、适当及有效。

## 第一节　创伤的概念

创伤通常是指物理力量突然加强，并将能量传给人体后所造成的损伤。它具有以下四个特点。一是悠久性：自人类诞生之日就开始出现创伤。二是广泛性：人在一生中无不例外地都会遭受程度不同的创伤。美国著名外科专家A. J. 沃尔特（A. J .Walt）曾说过："如果缴税和死亡是人生逃脱不了的两件事，那么第三件事就是创伤了。"他还说："即使其他的外科疾病都能被攻克，创伤依然会存在。"三是现代性：随着社会的进步和经济的发展，人员往来增多，车辆剧增，建筑业迅速发展，导致交通伤、工伤等发生率不断增高，古老的创伤在现代社会成了"发达社会疾病"和"现代文明的孪生兄弟"。四是可防性：从总体上说，通过采取各种相应的预防措施，如加强安全教育，正确使用安全防护装备，分开修建机动车、非机动车和行人的道路，制定并严格执行交通法等，创伤是可以大大减少的。

## 第二节　高级创伤护理的起源及发展

高级创伤护理是一种针对严重及致命创伤的急救护理技术。其产生可追溯到1976年在美国发生的尼巴斯赫（Nebraska）事件。1976年2月，一位美国骨科医生在驾驶私人飞机和家人度假时，飞机不慎在美国尼巴斯赫的一块麦田撞毁。在这次意外中，这位医生和他的几位子女均严重受伤，他的妻子不幸死亡。事后，这位医生认为他和他的家人在意外当天所接受的创伤急救治疗极为不足，认为当时处理创伤的急救医疗系统存在错误并亟待改变。基于此，他在康复后联同一些专家开始研究并最终建立了一套有效的创伤处理模式。1978年，第一个高级创伤生命支持术（Advanced Trauma Life Support，ATLS）训练课程顺利开展。而后其他与创伤有关的高级创伤护理课程亦相继开展，其中包括高级创伤护理课程（Advanced Trauma Care for Nurses，ATCN）、创伤护理核心课程（Trauma Nursing Core Course，TNCC）、院前创伤生命支持课程（Pre-hospital Trauma Life Support，PHTLS）及国际创伤生命支持课程（International Trauma Life Support，ITLS）。这些创伤护理课程强调，在创伤意外发生后施行适当与及时的创伤处理，能有效地提高对创伤伤员的急救成效。目前很多亚洲国家和地区也相继开展了高级创伤急救训练课程，希望借此提高处理创伤的水平，减少伤员因严重创伤而出现的并发症和死亡。

## 第三节　创伤所致死亡的三个高峰期

研究显示，严重创伤伤员的死亡通常出现在三个高峰期。

### 一、第一个高峰期

创伤所致死亡的第一个高峰期出现于创伤发生后数秒至数分钟内，此时段内创伤所致死亡人数占创伤死亡总人数的50%。死亡的原因包括脑部、脊椎、心脏、主动脉及其他大血管的严重创伤或严重撕裂等。大部分伤员会在意外发生后数秒至数分钟内死于现场，只有极少数人能在这些情况下幸存，一般救援队也无法及时赶到现场给予救治。研究指出，预防意外发生是减少此类严重创伤所致死亡的唯一方法。

### 二、第二个高峰期

创伤所致死亡的第二个高峰期可出现于严重创伤发生后的数分钟至数小时内。此类死亡被称为早期死亡，其人数占创伤死亡总人数的30%。此类死亡的原因包括硬膜下血肿、血气胸、脾破裂、肝脏裂伤、骨盆骨折及多处受伤并有明显失血等。这段时期被称为救援的"黄金时段"，原因在于如果伤员能在其间得到及时且适当的治疗，其死亡率将会大大降低。高级创伤管理（Advanced Trauma Care）就是致力于降低第二个高峰期的死亡率。

创伤复苏针对创伤后第二个高峰期内的危重创伤伤员。救援人员应在创伤意外发生后1小时到达现场（所谓"黄金1小时"），只能用10分钟在现场评估和处理伤员（所谓"白金10分钟"），并尽快把伤员送到医院做进一步治疗，伤员被治愈的概率才可能提高。

### 三、第三个高峰期

创伤所致死亡的第三个高峰期可出现于意外后的数日至数周内，此时段内创伤所致死亡人数占创伤死亡总人数的20%。此类死亡的原因多为创伤引起的后期并发症，包括脓毒症（Sepsis）和多器官功能障碍（MODS）。此时期伤员的死亡率高低主要取决于前两个高峰期的处理是否及时、适当及有效。

## 第四节　创伤机制

根据牛顿第一运动定律（Newton's First Law of Motion），除非有外力施加，否则物体的运动速度不会改变。假设没有任何外力施加或所施加的外力之和为零，则运动中物体总保持匀速直线运动状态，静止物体总保持静止状态。这种运动惯性定律也被应用在创伤的机制上。例如，一辆汽车以100km/h的速度行驶，突然撞上一棵树停下来。但车内的人没有停下来，并同样以100km/h的速度向前冲而导致受伤。

动能（Kinetic Energy，KE）$=1/2mv^2$（$m$是质量、$v$是速度），而$v$（速度）是决定动能大小的最主要因素。动能越大，创伤后所产生的伤害就越大。根据能量守恒定律（Law of Conservation of Energy），能量不会凭空消失，只会转移。所以汽车碰撞上一棵树后，汽车的动能会转移到树木上导致树木折断，然后动能会转移到汽车上导致汽车损坏，接着动能会再转移到汽车内的人员身上导致人体受伤，最后动能会再转移到人体内的器官导致器官受损（如脑出血）。

碰撞所导致的创伤严重程度，取决于撞击点的密度高低和表面面积大小。

### 一、撞击点密度高低与所导致的创伤

撞击点密度高的物品（如石头）所导致的创伤程度较撞击点密度低的物品（如海绵）更严重。

### 二、撞击点表面积大小与所导致的创伤

撞击点表面积大的物品（如钝器）所导致的创伤范围较大，伤口较浅，产生钝挫伤（Blunt Injury）（如石头所产生的挫瘀伤）；表面积小的物品（如刀、子

弹）所产生的创伤范围较小，伤口较深，产生穿刺伤。

更为常见的钝挫伤包括车祸伤、高坠伤、爆炸伤和其他伤（如暴力伤、运动伤）等。

（1）车祸伤。车祸碰撞可分为正面碰撞、后面碰撞和侧面碰撞，所致创伤的位置也不同。正面碰撞车祸：伤员的头部可能会因撞到挡风玻璃，胸部可能会因撞到汽车的方向盘、驱动面板以及自己的膝盖而受到创伤。后面碰撞车祸：伤员的颈部可能会受伤。侧面碰撞车祸：伤员受碰撞一侧的头颈、胸腹、脊椎、骨盆和手脚都可能受伤。

（2）高坠伤。高处坠下的受伤位置取决于身体哪个部位（如头部、脚部）首先着地。如果高处坠下的高度达到伤员身高的3倍，伤员可能会受到较严重的创伤。

（3）爆炸伤。当遇到爆炸事故，伤员可能会同时受到以下几种创伤：①第一类受伤——爆炸波所产生的肺部、大肠及耳膜受伤；②第二类受伤——被碎片击中受伤；③第三类受伤——被爆炸波的气压抛到远处坠地受伤，如骨折；④第四类受伤——被抛到远处坠地的地方可能有危险，如爆炸导致的火灾地点。

## 第五节　创伤管理的原则

灾难创伤管理的目标是尽最大的努力去救最多的人。所以在灾难发生时，如果出现大量伤员，救援队在人力、物力不足的情况下，会集中力量去抢救仍然有生命气息的伤员，而放弃抢救心跳已经停止的伤员。

处理严重创伤伤员的原则跟处理一般疾病患者的原则不同。处理严重创伤伤员的原则主要包括：

（1）首先处理可导致死亡的创伤。导致伤员快速死亡的创伤按危重程度依次为气道阻塞、呼吸窘迫、严重出血、颅内出血。因此，在处理时会先处理致命较快的创伤（如气道阻塞），再处理其他较轻微的伤势，如骨折、出血等。

（2）在伤员的诊断尚未明确的情况下也应对其首先施行一些相应的急救治疗，即先抢救以防止恶化，再找出原因。

（3）在尚未了解伤员详细病史时就要对严重创伤伤员施行全身评估及抢

救，以挽救更多伤员的生命。

创伤管理包括以下三个重点。

- ◆现场评估
- ◆START分诊
- ◆早期伤员创伤评估

## 一、现场评估

救援人员到达事故现场后，首先须明确在拯救生命前要保证自己的安全，排查周围是否有火、危险品（爆炸品或有毒物质）、洪水、交通隐患（交通是否流畅，是否处于瓶颈区域，是否处于下坡地势）、恶劣天气带来的隐患（雨、雪、雾带来的视线不清晰）和武器（若存在暴力隐患，待警察或军队控制环境后再救人）的威胁。在进行初步现场评估后，救援队需向总部汇报以下几方面的情况：是否需要增援、受伤类型、受灾人数、需要哪种额外的人力支持和设备增援。

## 二、START分诊

若有大量伤员，先用START分诊法进行快速处理，再对伤员进行初步评估。

START是指简单分诊与快速治疗（Simple Triage And Rapid Treatment）。先让能行走的轻伤伤员走到一旁（绿色代码，Green），再以呼吸（Respiration，R）、灌注（Perfusion，P）及意识（Mental，M）为参照标准把伤员分诊为以下三个类别：严重并需实时抢救（红色代码，Red），可延迟（轻伤）或等候（垂死）（黄色代码，Yellow），以及已经无脉搏/死亡（黑色代码，Black）（见图3.1）。

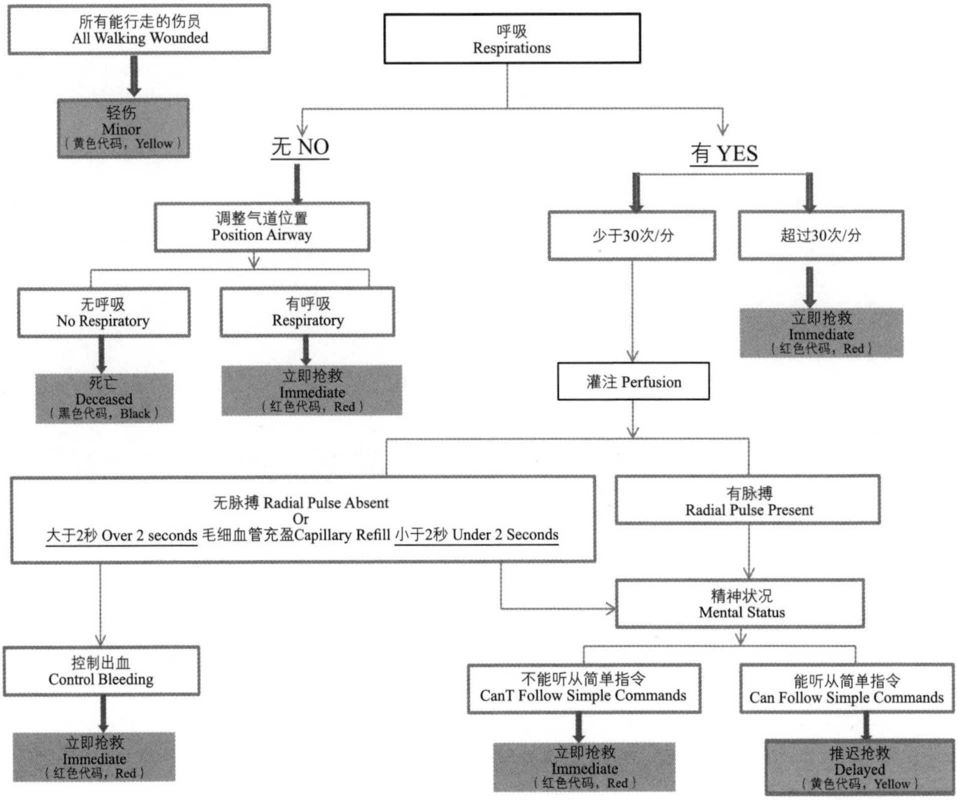


图3.1　START分诊法

## 三、早期伤员创伤评估

早期伤员创伤评估可采用以下流程，见表3.1。

**表3.1　早期伤员创伤评估流程**

| 阶　段 | 内　容 |
|---|---|
| 基本评估<br>Primary Survey<br>（在现场） | 目的：找出并处理致命创伤<br>A＝气道处理并固定颈椎<br>B＝呼吸处理<br>C＝循环处理并控制出血<br>D＝评估神经功能缺损<br>E＝暴露伤员并进行全身快速检查（从头到脚检查） |
| 若伤员情况危重或不稳定，上板即走。（Load & Go） | |

续表3.1

| 阶　段 | 内　容 |
| --- | --- |
| 进一步评估<br>Secondary Survey<br><br>（救护车中） | 目的：找出并处理其他受伤点<br>SAMPLE病史<br>生命体征<br>气道、呼吸、循环（ABC）+格拉斯哥昏迷量表（GCS）+全身检查<br><br>报告：MIVT<br>Mechanism＝受伤机制<br>Injury＝受伤情况<br>Vital signs＝重要生命体征<br>Treatment given & Time of arrival＝已给予的治疗和预计到达时间 |
| 持续性检查<br>Ongoing Assessment<br><br>（救护车中） | 目的：确认伤员是否病情恶化<br>对危重及不稳定伤员，每5分钟检查一次<br>对轻伤及稳定伤员，每15分钟检查一次<br><br>气道、呼吸、循环（ABC）+格拉斯哥昏迷量表（GCS）+全身检查 |

## （一）基本评估

1. A: Airway Control with Cervical Spine Immobilization（气道处理并固定颈椎）

（1）评估。在处理所有创伤伤员时，首先要维持伤员气道通畅并评估是否有气道阻塞。先要假设所有创伤伤员都有可能颈椎受伤，在处理伤员时应先采用头锁（Head Grip）固定法固定伤员的颈椎，以免对伤员造成更严重的伤害。

（2）处理。若是未昏迷的伤员，首先让一名队员固定其颈椎，接着再让一名队员在伤员视线范围内向伤员问话："您还好吗？能否张开嘴？最痛的地方在哪里？"若伤员能听从语音指示回答，则初步排除气道阻塞的可能性。若是昏迷的伤员，首先由一名队员用双手固定伤员的头部及颈部，然后由第二名队员用"双手抬颌法"开放伤员的气道以检查呼吸，如有需要则进一步清除伤员口腔内异物。用望、听及感觉三个方法来检查伤员是否有呼吸。如果伤员处于昏迷状态但能呼吸，可放入口咽管以增加气道畅通程度；如果伤员处于半昏迷状态并有张口反应，应该选用鼻咽管，以防止刺激伤员喉部，导致呕吐。在保持气道畅通后，应给伤员安置颈托以加强对颈椎的固定及保护。如果简单的人工气道无效，可为伤员进行一些高级气道保护法，如插入气管内导管。如果插管失败可考虑采用环甲膜切开术。

2. B: Breathing Control（呼吸处理）

（1）评估。

看——观察伤员，若嘴唇发绀，应立刻给予氧气面罩吸氧，并评估其呼吸形态是否有异常，是否使用辅助呼吸肌呼吸。

听——使用听诊器听诊胸部两侧呼吸音及是否对称，正常的呼吸速度应该为12～20次/分，评判是否呼吸过慢（<10次/分）或过快（>30次/分），有无湿啰音、喘鸣和喘息。

触——感受伤员是否有皮下气肿。

（2）处理。

如伤员有缺氧症状，应立即给予吸氧，如呼吸停顿，应立即对其施行人工呼吸。可应用口对面罩（Mouth to Mask）人工呼吸法或使用简易呼吸器等进行辅助通气，以确保伤员能维持足够的氧合及通气。如发现有张力性气胸，应施行穿刺胸腔减压法，以降低胸腔内压力并减少由此引发的并发症，如呼吸窘迫、缺氧、血压低等；然后再替伤员插入常规胸管以排出胸腔内气体；同时也应进行指脉氧饱和度（$SpO_2$）及呼气末二氧化碳分压（$PetCO_2$）的监测，以确保伤员能维持足够的氧合及有效通气。

3. C: Circulation with Haemorrhage Control（循环处理并控制出血）

（1）评估。

检查出血点——首先观察伤员全身是否有明显出血点，及时给予包扎。

检查脉搏——检查伤员是否有脉搏并检查其脉率是否有异常，正常的脉率应该为60～100次/分。用双手同时检查患者颈动脉和桡动脉，若颈动脉搏动能触及、桡动脉搏动不能触及，则进一步检查伤员股动脉。能触及桡动脉搏动表示收缩压最少有80mmHg，能触及股动脉搏动表示收缩压最少有70mmHg，能触及颈动脉搏动表示收缩压最少有60mmHg。

检查皮肤温度——用手背触及伤员四肢皮肤，感觉皮肤颜色及温度是否有异常。

检查毛细血管再充盈时间——按压伤员指甲盖然后放开，指甲盖由白色恢复红润的时间超过2秒说明外周灌注不足。

（2）处理。

如伤员脉搏停顿，施行胸外心脏按压法及人工呼吸（根据灾场伤员人数而定）。如果伤员有脉搏但血压偏低，应以14G大口径的静脉导管建立静脉通道以方便进行快速输液。可选择输液的种类包括：2L晶体液，如生理盐水；1L胶体液，如代血浆；1～2L林格液体。输液后应再检查脉搏及血压，以评价疗效。应采集伤员的血液样本送检，做常规的血液分析，如红细胞分析、血气分析、血型测定及配血等。观察伤员是否有外出血，如有外伤及严重出血应立即施行直接压力以止血，如有需要应给予输血。如估计伤员有内出血，应立即通知外科医生，看是否需要进行手术来止血。如有需要（如骨盆骨折），可使用气压式抗休克外套以控制严重出血及其引发的休克。

4. D: Disability（**评估神经功能缺损**）

（1）评估。

在伤员气道、呼吸及循环问题得到有效控制后，应立即开始评估伤员是否存在神经功能缺损或障碍。基本的神经功能评估可包括清醒程度及瞳孔反应。评估伤员的清醒程度可应用“AVPU法”或格拉斯哥昏迷量表（GCS）。AVPU法是指：A = Alert，伤员是完全清醒的；V = Verbal，伤员对说话刺激才有反应；P = Pain，伤员对疼痛刺激才有反应；U = Unresponsive，伤员对任何刺激都没有反应。而评估神经功能的另外一个基本方法是评估伤员双侧瞳孔的大小、是否等大及对光的反应。扩大的瞳孔反映了同侧脑部出血或受损。如果伤员的清醒程度较低，瞳孔大小不一，对光反应迟钝，则提示伤员出现脑部伤患，如脑出血或脑水肿。

（2）处理。

观察伤员是否存在脑压增高的症状，如存在应进行静脉输液以保持其收缩压高于100mmHg，并把伤员尽快送至医院。到达医院后应立即通知脑外科医生，以确定伤员所需的进一步检查及处理，如进行脑部CT扫描、进行脑外科手术等。其他辅助性的初步检查包括检查动脉血气、呼气末二氧化碳分压、心电图、血氧饱和度及血压，插入导尿管以观察尿量，插入鼻胃管以引流胃液。亦应确定伤员是否需要做X射线（肺、骨盆、颈椎）、诊断性腹腔穿刺灌洗及腹部超声等检查。

5. E: Exposure（暴露伤员并进行全身快速检查）

当严重创伤伤员气道、呼吸、循环及神经功能方面的问题得到控制并情况稳定后，即应开始第二阶段的检查及处理。在为伤员做全身快速检查前，应先把伤员身上所有的衣物除去，以防止在检查时遗漏一些可能受伤的部位，如背部。

在暴露伤员时注意保持伤员温暖。要防止在暴露伤员做全身检查的过程中使伤员体温下降，所以应向伤员提供相关保暖的设备，如被单或电暖器等。

（1）头部。运用头锁手法固定伤员头部，检查是否有伤口、骨折，双鼻孔和双外耳道是否有脑脊液漏。

（2）颈部。轻柔按压伤员颈部评判是否有肿胀，用右手中指放在气管上评判是否存在气管移位，观察颈静脉（JVP）是否充盈（检查颈部后便可放上颈托）。

（3）胸部。轻轻按压锁骨、胸骨、肋骨，确认是否有压痛，同时观察胸部是否有连枷胸、呼吸异常。如发现有张力性气胸，应立即进行穿刺减压。

（4）腹部。按压腹部四个象限，判断有无腹壁紧张、反跳痛、压痛和胀气。如怀疑有内出血，上救护车后应立即开始输液并尽快送院。

（5）骨盆。进行骨盆挤压分离试验，检查是否有骨折摩擦音，若有则使用骨盆带固定。

（6）四肢。评估四肢是否存在伤口、骨折，感受四肢的脉搏、皮温、触觉和末稍循环。若有出血，立即使用绷带或止血带止血。

（7）背部。许多调查显示，在检查创伤伤员时，往往容易忽略伤员背部。伤员背部如果存在被忽略的出血伤口，可能会导致致命性后果。所以在检查完伤员身体各部位后，应召唤足够人手协助伤员进行同轴翻身（log rolling）以检查其背部有无受伤。完成背部检查后便应立即决定，确定是否对伤员实施上板即送走（load and go）。

### （二）进一步评估

在把伤员转运至救护车内并开始送院的途中，救援队员应开始进行进一步评估。一名救援队员负责观察伤员生命体征（血压、脉搏、呼吸、体温、血氧饱和度）和记录，必要时安置心电监护仪；另一名救援队员须采集SAMPLE病史（见表3.2）。救援队队长再一次对伤员进行以下检查：气道、呼吸、循环（ABC）+格拉斯哥昏迷量表（GCS）+全身检查。这些资料能帮助队长更准确地诊断或判断伤员的受伤程度，以便为伤员提供最快速及最适当的治疗和护理。

表3.2　SAMPLE病史

| | |
|---|---|
| S = Signs and Syndromes | 体征与症状 |
| A = Allergies | 过敏史 |
| M = Medications | 用药史 |
| P = Pertinent Past History/ Pregnancy | 既往史/孕产史 |
| L = Last meal/LMP | 最后一次进食/经期 |
| E = Events Leading to the Injury | 导致伤害的事件 |

在完成进一步评估后，救援队长须采用MIVT汇报（见表3.3）向救援中心报告相关内容，并每隔5～15分钟进行反复评估。在整个创伤评估及处理的过程中，如果伤员情况突然恶化，如出现气道阻塞、呼吸困难或血压下降等，应立即停止第二阶段的评估，重新返回第一阶段（ABCDE）的评估及处理。

表3.3　MIVT汇报的内容

| | |
|---|---|
| M = Mechanism | 受伤机制 |
| I = Injury | 受伤情况 |
| V = Vital signs | 重要生命体征 |
| T = Treatment given & Time of arrival | 已经给予的治疗和预计到达时间 |

若路程遥远，应该进行持续性检查。对危重及不稳定的伤员每5分钟检查一次，对轻伤及稳定的伤员每15分钟检查一次，直至到达医疗中心。

（黄晓鸣、夏蕊）

# 第四章　现场及创伤评估
# （Scene and Trauma Assessment）

## 第一节　现场评估（Scene Assessment）

### 一、现场评估的前期准备

救援人员在出发到达现场前，会收到事故指挥中心下发的关于灾场的一些基本信息，包括灾难的种类、地点等。当现场总指挥（Site commander）对灾场进行了总体评估及场地设置后，各救援队便开始进行逐个灾区的现场评估。

各救援队队长会首先确定其负责的灾场的现场安全，确保救援队能够在一个安全的环境下进行救援。救援队队长也会确定导致伤员受伤的主要机制（如地震）及伤员人数，以决定是否需要向现场总指挥请求增援。

救援队员会首先穿上基本的标准预防装置（如护目镜、口罩、手套），然后便开始进行分诊及伤员的创伤评估。

### 二、创伤评估与管理的原则

#### （一）黄金1小时

人们发现如果伤员在1小时内得到救治，死亡率为10%；但是随着等待得到救治时间的延长，到伤后8小时才得到救治时，死亡率竟然高达75%。这一数据后来被美国马里兰大学的休克创伤中心创始人考莱引用，他提出了著名的“黄金1小时（Golden Hour）”理念，认为在生存与死亡之间存在一个“黄金1小时”，如果伤员伤情严重，那么为其争取生存的最佳时间只有不到60分钟。

### （二）白金10分钟

在灾难现场，每推迟1分钟抢救，伤员的死亡率就上升3%，抢救越早，成功率就越高。因此，应该于10分钟内完成伤员评估，做出初步处理决定并开始伤员转运。

### （三）身体评估

对伤员应该从头到脚逐一全部检查，避免遗漏任何部位。

### （四）团队工作

任何救援工作的顺利开展都是团队合作的结果，不仅包括医生、护士、院前救援人员、司机等人员的参与，同时也需要救护车、各种仪器设备、急救药品等物资的配备。

## 三、现场评估的内容

### （一）查看现场安全

查看现场安全是救援的第一步，只有在确保安全的情况下才能展开救援行动，因为救援人员是去拯救生命，而不是去献出生命的。到达现场后，救护车应以安全和方便的方式停泊，一般采用车尾朝向事故现场的方式，万一再次发生事故，便能以最快的速度撤离。停车后，先摇下车窗对现场进行观察。如果是火灾、有毒物质、触电、建筑坍塌、危化品泄漏等事故现场，救援人员若要进入警戒线内，必须结伴同行，或者不要进入警戒线内。如果是犯罪现场，现场人员曾进行打斗或持有武器，应在警察或军队控制现场后再进入。

### （二）识别损伤

1. 评估损伤的严重性

（1）多发伤，如车祸伤、高坠伤等，需要快速对伤员进行从头到脚的创伤检查。

（2）局部损伤。如果是局部受伤，应集中检查受伤部位。如大脚趾受伤，应集中检查脚趾。

2. 潜在损伤

（1）正面碰撞可能引起颈椎损伤、多处肋骨骨折（连枷胸）、心肌损伤、气胸、主动脉破裂、腹部损伤（肝脏破裂）、髋关节和膝关节受伤等。

（2）侧面碰撞可能引起颈椎损伤/骨折、多处肋骨骨折（连枷胸）、气胸、主动脉破裂、腹部损伤（如肝脏、脾脏、肾脏等腹部器官损伤）、骨盆骨折等。

（3）追尾碰撞（从后面撞击）可能引起颈椎损伤。

（4）弹出可能涉及多个损伤机制，因此死亡率高。

（5）汽车撞到行人，可能导致腹部损伤、骨盆骨折、下肢骨折、头部损伤等。

### （三）估计伤员数量和严重程度，判断是否需要增援

估计现场伤员数量和伤员受伤严重程度，评估救援队的处理能力，判断是否需要增援。通常一辆救护车只能转运一名重伤员。在搜索过程中，可以通过询问清醒的伤员或扩大搜索范围来确认是否还有未被发现的伤员。

### （四）标准预防措施

救援人员在现场可能接触到伤员血液以及其他潜在致感染物，特别是伤员气道分泌物。因此，必须执行标准预防措施（PPE），如戴口罩、护目镜或面罩，戴手套，穿隔离衣。

### （五）必备救援物品

一般需要装备以下四个方面的救援物品。

（1）气道用物：氧气袋/瓶、吸氧管/面罩、吸引器、插管用物。

（2）创伤包：敷料、绷带、止血带、止血剂、胸腔减压装置。

（3）转运工具：颈托、脊柱板。

（4）其他：血压计、听诊器。

## 四、动作损伤

动作损伤（Motion Injury）包括钝器伤和穿刺伤。钝器伤由快速向前减速（碰撞）和快速垂直减速（坠落）造成，导致大面积损伤。穿刺伤包括枪伤和刀伤等，将导致深度的器官损伤。

### （一）车祸伤

车祸伤是汽车、摩托车、拖拉机、水上摩托等交通工具发生碰撞造成的人员受伤。根据能量守恒定律，能量不会消失，但可以转移。汽车相撞，快速向前减速，汽车运动的动能迅速转化为势能，由此造成机械损伤、身体损伤、器官损伤和组织损伤。查看车祸现场时要注意车辆的外部变形、车辆的内部变形和伤员的身体变形，从而找出伤员受伤的原因。常见的汽车碰撞形式包括正面碰撞、侧面碰撞、后面撞击、侧翻、翻滚和其他。

**1. 正面碰撞**

（1）被挡风玻璃所伤。

机械损伤：车头变形，挡风玻璃呈蜘蛛网式。

身体损伤：头、面、颈受伤。

器官损伤：脑部对冲伤等。

（2）被方向盘所伤。

机械损伤：车辆前部、方向盘变形。

身体损伤：肋骨骨折、气胸等。

器官损伤：气胸、血胸、心包填塞、心肌挫伤等。

（3）被仪表盘所伤。

机械损伤：车辆前部、仪表盘变形。

身体损伤：头、面、颈椎、骨盆、髋部、膝盖受伤等。

器官损伤：脑部对冲伤等。

**2. 侧面碰撞**

机械损伤：车门及车身侧面变形。

身体损伤：头、颈、肩、上臂、肋骨（弧形小骨）、盆骨、小腿可能受伤。

器官损伤：脑损伤、胸损伤（血胸或气胸）、腹部损伤等。

3. 后面撞击

车辆从后面被撞击，则最容易造成颈椎损伤。头颈部由于强大的惯性向前运动，之后肌肉复位而使头颈部弹回，造成颈椎前后两次损伤，颈部的这种受伤形式也称为挥鞭伤（Whiplash Injury）。

4. 侧翻

汽车侧翻会造成车内人员的身体受到四面八方的撞击，身体各部位都可能受到损伤。如果人员被抛出车外，伤员的死亡率将增加25倍。

5. 翻滚

翻滚相当于正面碰撞加侧面冲击，很可能会造成巨大的损伤。

6. 其他

（1）安全带引起的损伤。撞击时，安全带巨大的牵引力可能引起头、面、颈及胸腹部损伤。

（2）气囊引起的损伤。气囊弹出时巨大的冲击力可能造成面部、胸腹部损伤，甚至造成婴幼儿死亡。

### （二）坠落伤

坠落伤由人体的直线减速运动造成，坠落伤损伤的严重程度取决于坠落高度、撞击面积和撞击物体的表面性质，坠落高度大于人体身高的3倍，则风险增大。儿童由于头部比例较大，往往为头部着地，易受到严重颅脑损伤。成人身体比例大，往往为足部着地，易遭受脚、腿、髋部、盆骨骨折，同时轴向负载效应易使脊柱损伤。

### （三）穿刺伤

1. 刀伤

刀伤的严重程度取决于刀刃的长度、穿刺的角度和刺入的部位。其中最重要的是刺入的部位，如是上腹部可能伤及肺部和心脏，是下腹部可能伤及肝脏和脾脏，均会造成严重后果。

移除穿刺物的黄金规则是把穿刺物固定，到医院后再移除。但面部刀伤是一种特殊情况，这种情况下必须尽快移除尖锐的穿刺物，以防气道阻塞。

2. 枪伤

因为$E=0.5mv^2$（$E$指动能，$m$指物体质量，$v$指物体运动速度），因此子弹产生的能量取决于其速度。枪支按照子弹速度可分为低速枪和高速枪。低速枪发射的子弹速度不超过2000米/秒，比如手枪；高速枪发射的子弹速度大于2000米/秒，比如步枪。

影响枪伤中人体组织损伤严重程度的主要有以下四个因素。

第一，子弹大小。子弹体积越大，阻力越大，造成的永久性组织损伤越大。

第二，子弹头变形程度。子弹头变形越严重，伤口就越大。

第三，是否是半包甲子弹。该种子弹会造成更大的伤口。

第四，子弹是否翻滚或偏航。子弹若产生翻滚或偏航会造成更大的伤口。

枪伤包含三个部分。

第一，入口处：创口小，如果是近距离发射的子弹造成的伤口，伤口边缘焦黑。

第二，出口处：出口可能有可能没有，如果有骨碎片或子弹碎片，则可能造成多个出口，出口一般大于入口，且边缘参差不齐。

第三，内部伤口：内部伤口分两类，一类是低速子弹接触组织造成的伤口，另一类是高速子弹接触组织并高速转移能量造成的伤口。

## （四）爆炸伤

爆炸伤常见于工业意外和恐怖袭击，主要包括以下四重损伤机制。

（1）原发性损伤。爆炸波会伤害所有充满空气的器官，造成气胸、肠道挫伤、鼓膜破裂。

（2）二次损伤。碎片飞溅可能会造成损伤。

（3）三次损伤。伤员被抛掷至地面可能会导致坠落伤。

（4）四次损伤。伤员被抛掷到远处的火堆或危险品上可能会受到其他损伤。

# 第二节 创伤评估（Trauma Assessment）

## 一、初步评估

### （一）初步评估的四大原则

在进行初步评估时应遵循以下四大原则。

第一，救援队队长进行快速初步检查，在检查过程中若发现问题则即刻委派其他队员给予干预。

第二，评估应持续进行，不应中断。除非现场变得不再安全或者伤员出现了气道阻塞，呼吸、心脏骤停等危及生命的情况，否则不应停止评估。

第三，初步评估要快速、有效，需在10分钟以内完成。

第四，在进行伤员评估时必须意识到，尽快将伤员转运至后方医疗中心接受进一步的治疗是增加伤员生存机会的唯一有效办法。

进行初步评估的目的是快速发现问题并选择对伤员进行处理的优先次序，同时在评估过程中识别危及伤员生命的创伤情况，以便及时给予干预，解除伤员暂时的生命威胁。基本的检查过程包括初步评估和快速的创伤检查，使评估及干预快速进行。为了尽量避免评估过程中断，团队成员的分工如下：

队长：从头到脚评估。

第二名队员：固定颈部并开放气道。

第三名队员：给予其他的干预措施，例如包扎止血及运送脊柱板等。

### （二）初步评估的内容

初步评估需要评估的内容主要有六个方面。

**1. 伤员的基本情况和状况**

确定死伤员总人数，如果超过团队的处理能力，需要及时请求增援。同时了解伤员的基本资料和状况，包括性别、年龄、体重、外观、心理状况，以及是否有明显的损伤或出血等。对于儿童、老年人、孕妇等脆弱人群，应给予特别的关注。

**2. 评估气道**

可以尝试与伤员进行语言沟通。如果伤员可以回答，代表其气道是通畅的。如果伤员不说话且没有反应，那么就应该引起注意：首先观察、聆听及感觉伤员，以检查是否存在气息；其次将双手放在伤员胸部，以检查是否有呼吸运动；如果有需要，可以使用双手抬颌法来开放气道，如果仍然没有效果，就需要尝试使用人工气道。

**3. 评估呼吸**

首先检查伤员是否还有呼吸运动，如果没有，那么就需要使用球囊及面罩复苏器来帮助其呼吸。如果伤员有呼吸，但是频率小于10次/分或高于30次/分并且意识下降，也应该使用球囊及面罩复苏器辅助伤员呼吸。如果呼吸正常，但是伤员面部或唇周发绀，应给予面罩供氧。如果已行气管插管，在插入气管内导管后，呼气末二氧化碳分压应维持在35～40mmHg。

**4. 评估循环**

如果有出血，可通过直接按压、加压包扎和止血带止血。常用的止血用具有止血粉（QuickClot）、充气夹板、抗休克裤（PASG，仅适用于股骨和骨盆）。然后需要检查脉搏，如果没有脉搏，应立即施行心肺复苏术，但是若评估地点仍然处于灾难环境中则不适用而应尽早转送至治疗中心；如果有脉搏，应检查其快慢。在检查脉搏时，可通过桡动脉、股动脉、颈动脉搏动与否来推断伤员收缩压的大概值，以推断休克状况。具体方法如下：扪及桡动脉搏动，收缩压至少有80mmHg；桡动脉搏动不能扪及，可扪及股动脉搏动，收缩压至少有70mmHg；如果只能扪及颈动脉搏动，收缩压大约有60mmHg。此外，还要检查伤员的皮温和毛细血管充盈时间，判断皮肤是否温暖，是否出现了湿冷等情况，毛细血管充盈时间在2秒以内为正常。

**5. 评估伤员的意识水平，同时固定伤员的颈椎**

队长应位于伤员前侧，与伤员进行眼神交流，并负责与伤员进行沟通，告知其正在被救援，要求其不要乱动并积极配合。第二名救援队员即时固定伤员头部，队长在此时可通过AVPU的方法快速评估伤员的意识水平。具体评估的要点是：A（可以说话）、V（对声音有反应）、P（对疼痛刺激有反应）、U（毫无反应）。如果伤员可以回答问题，则表示其意识清楚、气道通畅。同时队长可以检查伤员的瞳孔情况。

**6. 暴露及快速检查**

完成以上内容的评估后，应剪开伤员衣物，充分暴露，必要时可用毛毯保温，以进行从头到脚的快速检查。检查的部位、内容及顺序如下。

（1）头。是否有严重的面部或枕骨损伤，是否有挫伤及肿胀，是否有穿透伤，是否有皮下气肿，双外耳道、双鼻孔等部位是否有出血或渗液。

（2）颈。是否有颈部肿胀、气管偏斜或颈部血管扩张，检查后应安置颈托。

（3）胸。检查双侧胸廓是否对称，是否有挫伤或穿透伤，是否出现反常呼吸运动、胸廓不稳定的情况，听诊呼吸音是否正常，是否有呼吸杂音等。

（4）腹部。检查是否有挫伤（合并压痛及膨隆）、穿透伤及内脏外露，腹部的软硬情况，是否有腹胀发生。

（5）骨盆。检查骨盆是否稳定，能否听到骨摩擦音。

（6）四肢。是否出现肿胀、畸形和不稳定的情况，同时检查伤员脉搏、肢体活动、感觉功能等。

（7）脊柱。是否有任何的脊柱畸形或创伤、出血。

如果只有局部、孤立且不会产生广泛影响的损伤（例如大脚趾受伤），可以只检查受伤部位。如果出现了下列情况，必须进行快速的从头到脚的全身检查：该事故或灾难的损伤机制是危险和普遍的；出现了意识障碍、呼吸困难等危及生命的情况，或者头部、颈部、身体出现严重的疼痛；伤员为儿童、孕妇及老年人等脆弱人群。现场评估的时间应控制在10分钟以内，评估及初步处理后及时将伤员转运至医疗中心。

## 二、重要的干预及转运的决定

首先要决定是否需要转运，考虑的问题包括：去哪所医院；用什么方式；如何选择时间最短、最快的路径，保证安全转运。转运目的地首选创伤中心，但是如果伤员已经出现气道问题，应送往最近的医院处理。其他需要立即转运的情况包括以下几类。

一是初步评估中发现有比较严重、威胁生命的问题，例如清醒程度降低（需考虑是否由低血糖、药物、酒精造成）、呼吸异常、不能控制的出血甚至休克等。

二是随时可能发生休克的情况，例如连枷胸、开放性胸部伤、张力性气胸、血胸、膨胀的腹部、骨盆不稳定、股骨骨折等。

三是高危患者，包括慢性病患者以及儿童、孕妇、老人等脆弱人群。

在现场可做的干预措施主要包括四个方面。

第一，气道干预，如开放气道，必要时建立人工气道。

第二，呼吸干预，包括给氧、辅助通气、胸部伤口封闭吸引、固定连枷胸、张力性气胸减压。

第三，循环干预。若心脏骤停伤员并未处在灾难环境，可进行心肺复苏，同时注意控制严重的出血。

第四，其他干预，如固定穿刺物等。

在转运过程中可采取一系列干预措施，包括给予监测、输液、测量生命体征、采集病史等。例如，在救护车中可进行夹板固定、包扎、静脉输液、气管插管等。

## 三、进一步创伤检查

在救护车转运过程中对伤员应进行更全面的创伤评估，目的是找出其他非危及生命的损伤。如果车程较短，可能不需要进一步创伤检查，但是仍应持续检查伤员情况，检查的内容包括：生命体征监测，SAMPLE病史采集，气道、呼吸、循环（ABC）+格拉斯哥昏迷量表（GCS）+全身检查。

在转运过程中评估伤员的意识水平可以使用格拉斯哥昏迷量表（GCS），具体方法如表4.1所示。

**表4.4　格拉斯哥昏迷量表（GCS）**

| 项　目 | 内　容 | 得　分 |
|---|---|---|
| 睁眼反应 | 自发性 | 4 |
| | 对语言 | 3 |
| | 对疼痛刺激 | 2 |
| | 无反应 | 1 |
| 语言反应 | 对（时间、地点、人物）可定向 | 5 |
| | 对（时间、地点、人物）不可定向 | 4 |
| | 答非所问 | 3 |
| | 无意义之发声 | 2 |
| | 无反应 | 1 |
| 最佳动作指令 | 服从指令 | 6 |
| | 对疼痛能定位 | 5 |
| | 对疼痛正常收缩或躲避 | 4 |
| | 异常收缩（去皮质反应） | 3 |
| | 异常伸展（去脑干反应） | 2 |
| | 无反应 | 1 |

也可通过疼痛刺激来定位受损伤脊椎的位置：框上挤压——CNV-1，捏耳垂——C2，捏斜方肌——C4，甲床压挤——C6-8，胸骨碰摩——T4。但是低于T4水平时使用此方法并不准确。

在抵达前应及时联络医疗中心，告知其相关事宜，这样医疗中心可以启动及准备创伤小组。例如，通知外科医生、麻醉师等到场，让急诊室、血库、实验室、计算机扫描室、手术室、重症监护室等相关科室做好准备。需告知的事宜包括：

M = 受伤机制，例如汽车相撞

I = 受伤情况，包括伤员数目、受伤严重程度

V = 重要生命体征

T = 已经给予的治疗和预计到达的时间

## 四、持续创伤检查

持续创伤检查是指在救护车长途转运过程中评估及管理伤员，同时识别伤员的所有病情变化。在长途转运过程中可定时做多次持续创伤检查，危重伤员每5分钟检查一次，稳定伤员每15分钟检查一次。其他需要持续检查创伤的情况主要包括给予干预后和伤员情况恶化时。持续创伤检查主要包括以下五个步骤。

（1）询问伤员的感觉如何。

（2）再次评估精神状态：清醒的状态和瞳孔的情况。

（3）再次评估ABC：检查气道、呼吸和循环的情况。

（4）再次评估所有其他损伤：检查有无变化。

（5）检查干预的效果：检查气管插管后气道是否通畅，检查氧流量，检查静脉通道是否通畅及液体滴速，检查胸部闭合是否有效，检查胸部穿刺减压是否有效，检查夹板和敷料，检查穿刺物，检查孕妇是否处于左侧卧位，检查心电图、血氧饱和度、呼气末二氧化碳分压。

（李鑫、马丽）

# 第五章　重要创伤管理
# （Major Trauma Management）

## 第一节　气道异常的管理（Management of Airway Disorders）

### 一、气道结构

气道包括口腔、鼻咽、咽部、喉部、声带/声门、气管、支气管、肺泡。儿童及婴儿气道的特点是：头部及舌头较大，气管较短，会厌较软。环甲膜针刺位置位于甲状软骨和环状软骨之间。气管切开的位置在2～3气管环之间或3～4气管环之间。

### 二、气道评估

#### （一）评估是否通畅

伤员能说话表示气道通畅，伤员不能说话或发出打呼噜音表示可能存在气道阻塞。气道问题是创伤后最常发生的问题，也是引发创伤后死亡的首要问题。因此，在事故现场必须要首先处理气道问题。处理气道前需确保固定好伤员的颈椎，并可能用到不同的气道开放装置。

#### （二）困难气道评估

常采用MMAP评估分级法评估困难气道（Assessing Difficult Airway），见表5.1。

表5.1 MMAP评估分级法

| | |
|---|---|
| Mallampati<br>分级 | 困难气道有四个级别<br>1级：可以看见整个悬臃垂<br>2级：可以看见半个悬臃垂<br>3级：只能看见悬臃垂底部<br>4级：完全无法看见悬臃垂<br>注：1、2级容易插管，3、4级插管困难 |
| Measurement<br>量度 | 3-3-2量度原则<br>3：上下门齿距离大于3指幅宽属于正常气道，小于3指幅宽属于困难气道。<br>3：下巴、舌骨距离大于3指幅宽属于正常气道，小于3指幅宽属于困难气道。<br>2：甲状软骨、口底距离大于2指幅宽属于正常气道，小于2指幅宽属于困难气道。 |
| Angle<br>角度 | 寰枕角大于15度属于正常气道，小于15度属于困难气道 |
| Pathology<br>病理 | 有明显的气道异物阻塞 |

## 三、创伤中常见气道问题

### （一）气道阻塞

异物、舌头、呕吐物、血液、面部受伤（在未系安全带的乘客和司机身上最常见）可引起气道阻塞，气道阻塞是创伤意外中最快导致伤员死亡的原因，也导致了最多的死亡人数。若伤员拒绝躺下，则提示伤员可能存在维持通气和处理分泌物的困难。气道阻塞是最常见但可预防的创伤死亡原因，若伤员有气道阻塞，必须立即进行抽吸，必要时建立人工气道。

### （二）气管外伤

气管外伤可能是穿刺伤或钝器伤。主要症状如下：皮下气肿，可能有气胸或血胸。处理方法：放入适当的气道工具，为避免加重已存在的气道损伤，气管内插管要谨慎操作。插入常规气道工具后迅速将伤员转运到医院进行手术去开放气道。

## 四、对气道创伤的处理

### （一）气道创伤救援原则

气道创伤救援原则是用最简单的方法先通畅气道，如果简单设备无法通畅气道，再尝试高级气管导管。

### （二）开放气道的方法

#### 1. 吸引器

如果伤员在头部固定或戴上颈托后呕吐，会因无法移动而易引起窒息。假设发现患者口咽部有胃内容物，应考虑有较大的误吸可能性，需立刻将其吸出。因此应考虑将便携式吸引器作为事故现场院前急救的基本设备。配备吸引器时要同时配备氧气瓶、电池、吸引管，吸引器要有足够吸力，以便除去黏稠痰涎或口咽部的血块，还要配备大的呈棱角形的抽吸管、杨克吸引管（Yankeur Sucker）以除去较大物质。

#### 2. 徒手开放气道

徒手开放气道的常见方法为仰头抬颏法（head lift-chin lift）和双手托颌法（jaw-thrust）。外伤伤员有颈椎脊髓损伤的风险，不适合仰头抬颏法，为避免造成进一步损伤，应以双手托颌法打开气道。如需插入人工气道，应先让第一名救援者徒手固定伤员的头颈部再使用托颌法，然后，由第二名救援者插入气管导管。

#### 3. 开放气道的工具

（1）基础气道工具（Basic Airway Adjunct）。

①口咽通气管（Oro-Pharyngeal Airway，OPA）：适用于没有呕吐和咳嗽反射、有大面积面部损伤、牙关紧闭的昏迷伤员。所选择的口咽通气管长度应与该伤员门牙至耳垂或下颌角的距离等长；选择尺寸时要注意避免过小或过大，过小不能压住舌头，过大会加重气道阻塞；救援人员的插入技术要好。

②鼻咽通气管（Naso-Pharyngeal Airway，NPA）：适用于不能使用口咽通气管的昏迷伤员。所选择的鼻咽通气管长度应与该伤员鼻孔至耳垂或下颌角的距离等长，尺寸过小或过大都效果不佳；注意救援人员的插入技术要好，同时左右侧

鼻孔插入技术要求有所不同。

（2）声门上气道装置（Supraglottic Airway Device，SAD）。

声门上气道又称非目视气道插管设备，为一个带袖口的导管，可盲插入咽部，常用于院前急救。其优势是在心肺复苏时不用在过程中停止按压。声门上气道通常包含以下三个部分。

①喉罩气道（Laryngeal Mask Airway，LMA）：设计像盖子，插入口腔后其顶端堵住食道，而盖子盖住声门，通气时空气直达气管内。选择尺寸的原则是：3号用于体重＜50kg者，4号用于体重≥50kg者。

②喉管（Laryngeal Tube Device，LTD）：直接经口插入伤员食道，气囊充气后经侧孔通气至气管内。选择尺寸的原则是：3号用于身高＜150cm者，4号用于身高≥150cm者。

③食管–气管联合导管（Esophageal-Tracheal Combitube，ETC），又称联合导管（Combitube）。其优点是无论插入气管还是食道皆可。缺点是昂贵，同时因其尺寸偏大可致创伤和不适。联合导管直径有37F（28mm）和41F（31mm）两种，一般气管插管直径为9.6～10.2mm，联合导管的直径约为其3倍。一般依据患者的身高选择联合导管型号：身高为120～150cm时，选用37F；身高≥150cm时，选用41F。

（3）高级气道。

①气管插管（Endotracheal Intubation）。A. 需准备的用物：喉镜、气管插管导管、导丝、探条、球囊面罩、负压吸引、呼末二氧化碳测定仪。可以使用探条（Bougie）和视频喉镜插管。B. 清醒与不清醒插管：清醒插管者可局部麻醉，无意识者无须镇静麻醉。C. 深度镇静麻醉快速顺序插管（Rapid Sequence Intubation，RSI）步骤：面罩通气→镇静麻醉患者→对环状软骨施压以防止吸入→使用肌松剂以放松所有肌肉方便插管→进行气管插管。D. 院前创伤的不同插管方式：仰卧，颈椎固定，一名救援者时用双膝部固定伤员头部再插管，两名救援者时，一人徒手固定伤员头部，另一人插管；坐位，颈椎固定，两名救援者，一人双手固定伤员头部，一人插管。E. 插管后评估患者生命特征、血氧饱和度和呼气末二氧化碳分压。如果气道问题仍无法解决，先送去就近医院进行气道处理，再送去专门的创伤医院。

②环甲膜穿刺－经喉喷射通气（Cricothyrodostomy-transtracheal Jet Ventilation）。若没有其他设备可以缓解伤员气道阻塞，必要时可经环甲膜进行穿刺并采用经喉喷射通气。

## 第二节　呼吸异常的管理（Management of Breathing Disorders）

### 一、对呼吸的评估

#### （一）看

（1）如果观察到有发绀或是辅助呼吸肌参与呼吸，需给予面罩吸氧。

（2）呼吸频率：如果呼吸频率＜10次/分或＞30次/分（并且意识水平下降），需使用球囊面罩辅助通气。

#### （二）听

用听诊器听胸壁是否有不对称呼吸音。

#### （三）触

（1）触摸气管位置是否居中。

（2）感受是否有皮下气肿（Subcutaneous Emphysema）导致的捻发感。

### 二、常见影响呼吸的创伤

#### （一）肺挫伤

肺挫伤通常在受伤后数小时形成，可能是由肋骨骨折、肺气肿手术、肺组织挫伤、气胸导致。

**1．临床表现**

常见症状有胸痛，可能出现显著的低氧血症。

2. 处理

常见处理手段有氧气吸入、静脉输液、快速转运。如有需要，可插入气管内导管并采用正压通气。

### （二）连枷胸

连枷胸是指同一区域内多根肋骨同时折断，导致出现对抗性呼吸及呼吸困难。

1. 临床表现

常见表现为反常呼吸。通常三根或更多相邻肋骨骨折，且每根肋骨骨折有两处以上，部分胸壁变得不稳固而出现奇异的呼吸模式。反常呼吸有可能发展为血胸、气胸或呼吸窘迫。

2. 治疗

常见治疗手段有：高浓度氧吸入并监测血氧饱和度（使其维持＞95%）、呼气末二氧化碳分压；用手按以稳定胸壁，并用大量敷料包裹；及早决定是否进行气管内插管，行正压通气并选择呼气末正压（PEEP），然后快速转运。

### （三）血胸

胸部外伤可以引起出血，血液渗入胸膜腔即为血胸。单侧胸膜腔可以容纳多达3L血液，两侧胸膜腔共6L。血胸严重会压迫肺，导致呼吸窘迫和低氧血症。

1. 临床表现

常见有低血容量的表现（血压下降、烦躁、表情淡漠、颈静脉塌陷）和呼吸窘迫的表现（呼吸困难、低氧血症、呼吸音减少、叩诊音浊）。

2. 治疗

常见的治疗手段有高浓度氧吸入并监测血氧饱和度，静脉输液治疗休克，使收缩压维持在90～100mmHg。

### （四）开放性胸部创伤

胸部穿刺伤会引起开放性胸部创伤。

1. **临床表现**

常见表现有胸痛、呼吸困难、咳嗽、咯血、休克等。

2. **治疗**

常见的治疗手段为封闭伤口，即在三面贴上封闭性敷料（另一面向下方或向外侧，以方便引流血液），或者使用胸部封闭式敷料（Asherman Chest Seal），为伤员提供高浓度氧，进行静脉输液，监测心音和血氧饱和度，同时快速转运。到院后需置胸腔引流管。

### （五）单纯性气胸

1. **临床表现**

常见表现有气促，一侧胸部起伏减少，呼吸音减弱，清音增强，可能没有表面伤口，血压正常。

2. **治疗**

如果没有影响呼吸速率和血氧饱和度，并且血压正常，可以向伤员给氧，将其转运到院后再处理气胸。

### （六）张力性气胸

无论是钝器伤还是穿刺伤，损伤会形成一个单向活门，使空气只能进入胸膜腔而不能被排出去，由此导致胸腔内压增加。受影响一侧的肺部进而坍塌，导致严重缺氧。同时，因为胸腔内压力增大会压迫心脏及下腔静脉，导致血液回流减少及心排血量减少，伤员会出现严重低血压。

1. **临床表现**

常见表现有呼吸困难、烦躁、心动过速，患侧空气进入下降，患侧胸部运动受影响，患侧叩诊音清音增强。检查可发现脉搏细弱，血压下降，气管显著偏向健侧。伤员胸部和颈部可有皮下气肿，严重者可扩展至面部、腹部及阴囊。

2. **治疗**

常见的治疗手段有高浓度氧吸入并监测血氧饱和度，在患者锁骨中线第二肋间隙进行穿刺减压。军队在作战时不能脱下避弹衣，可采用腋中线第四肋间隙穿刺，随后尽快转运。

### （七）胸部刺穿物/嵌入物

胸部刺穿物可能是任何尖锐或非尖锐物品。胸部刺穿物可能刺穿心脏或肺部。不要移除刺穿物（除非在气道），快速转运至医院进行手术。

### （八）创伤性窒息

创伤性窒息是钝性暴力作用于胸部（如方向盘引起的损伤）所致的上身广泛皮肤、黏膜、末梢毛细血管淤血及出血性损害，是闭合性胸部伤中较为少见的综合征。

**1. 临床表现**

胸部遭受突然和严重压迫（心脏、纵隔），力量继而传递并使血液挤往颈部和头部，伤员出现类似窒息引起的发绀和头颈肿胀，舌头和嘴唇肿胀，结膜出血。

**2. 处理**

维持气道畅通，建立静脉输液通路，快速转运。

## 三、对创伤引起的呼吸问题的处理

处理创伤引起的呼吸问题需要考虑三个方面。

**1. 对因处理**

针对引起呼吸问题的创伤进行救治，例如张力性气胸应给予胸腔穿刺排气或胸腔闭式引流排气。

**2. 对症处理**

对创伤引起的呼吸问题进行呼吸支持包括两种情况。

（1）对于可以维持自主呼吸的伤员：在处理创伤的同时给予吸氧，根据具体情况选择鼻导管吸氧或面罩吸氧。

（2）对于不能维持自主呼吸的伤员：需要在积极处理创伤的基础上给予辅助呼吸，具体方法包括口对口人工呼吸、球囊面罩辅助通气（成人10～12次/分，儿童及婴儿12～20次/分，维持呼气末二氧化碳分压为35～40mmHg）、人工气道及呼吸机辅助/控制通气等。

3. 并发症处理

引起呼吸问题的危重创伤通常还会并发其他问题，如循环不稳定、意识状态改变等，需要在积极处理创伤的基础上给予相应的处理（参见相关章节）。

## 第三节 循环异常的管理（Management of Circulation Disorders）

正常机体的新陈代谢为有氧代谢，即葡萄糖和细胞内的ATP在氧气的参与下产生能量，供机体各个器官功能正常运作。当组织血流灌注低时，身体细胞会出现缺氧现象，身体各器官因为缺氧缺糖而无法跟ATP结合产生能量，于是进行无氧代谢，但产生的能量就会不足并且会产生乳酸，导致器官不能有效运作。当身体器官广泛出现组织血流灌注低，并导致广泛器官功能紊乱时，就会出现休克（Shock）。不同器官对缺氧的耐受时间不同，大脑、心、肺为4～6分钟，肝脏、肾脏、胆囊为45～90分钟，肌肉、骨骼、皮肤为4～6小时。

创伤管理中的循环评估（院前救治），主要是使用一些简单易行的指标来评估伤员是否存在严重出血。一般通过脉搏、体温及毛细血管充盈时间来评估。可通过触及不同动脉，对伤员的血压进行大概的判断：颈动脉收缩压应在60mmHg以上，桡动脉应在70mmHg以上，股动脉应在80mmHg以上。若伤员皮温正常，一般不存在循环血容量不足，若皮肤湿冷，应考虑各种原因所致的循环血容量不足所致休克的表现；同理，毛细血管充盈时间超过2秒也提示外周灌注不足。

### 一、常见休克种类

#### （一）低血容量性休克（Hypovolaemic Shock）

低血容量性休克见于创伤情况下伤员的循环血容量大量丢失（绝对性低血容量），一般为失血性或低血容量休克，是通过评估并及时干预后可预防的导致死亡的原因。

1. 常见原因

主动脉破裂（80%～85%的伤员发生后立即死亡）、血胸、腹部损伤、盆骨或股骨撕裂、多发性骨折等。

**2. 临床症状**

心动过速，HR大于100次/分，通常为休克的第一个征象，必须检查是否存在出血（内部或外部明显出血）；皮肤苍白；桡动脉搏动微弱；脉压差变小；颈静脉塌陷；毛细血管再充盈时间延长至2秒以上；眩晕或意识水平降低。老年人和儿童等脆弱人群因缺乏代偿机制，一旦发生低血容量性休克，病情进展迅速。

**3. 失血分级**

人体血容量为体重的1/13，即为体重的5%～7%。失血分级见表5.2。

**表5.2 失血分级**

| | 1 | 2 | 3 | 4 |
|---|---|---|---|---|
| 失血量 | ＜750ml<br>（＜15%）<br>正常 | 750～1500ml<br>（15%～30%）<br>轻—中度 | 1500～2000ml<br>（30%～40%）<br>重度 | ＞2000ml<br>（＞40%）<br>极重度 |
| 心率 | 正常 | ＞100次/分 | ＞120次/分 | ＞140次/分 |
| 呼吸 | 正常 | 20～30次/分 | 30～40次/分 | ＞35次/分 |
| 血压 | 正常 | 正常 | 下降 | 急剧下降 |
| 机体代偿 | 代偿 | 代偿 | 失代偿 | 失代偿 |
| 尿量 | 正常 | 20～30ml/hr | 5～15ml/hr | 少尿/无尿 |

（1）外部出血处理。

①头颈部或面部可以采用直接局部按压止血。

②颈部向下减少出血。

③使用非再吸入性面罩（Non-rebreathing Mask）以提供高浓度氧气并减低二氧化碳潴留。

④快速转运。

⑤建立两条大口径静脉输液通路，快速输入生理盐水或乳酸林格氏液。

对于难以控制的外部出血，处理、纠正休克的三个要点为止血、吸氧、补液。局部直接按压止血，四肢出血使用止血带，每2～2.5小时放开一次；使用局部外用止血剂（QuikClot急救敷料或凝血酶等）；使用非再吸入性面罩以提供高浓度氧气并避免二氧化碳潴留；静脉输入生理盐水，维持收缩压在90mmHg以上，成人1～2L，儿童20ml/kg；输血或代血浆；早期快速转运至医院行进一步处理。目前研究证明头低足高体位并不能改善休克预后，故不提倡。

（2）内部出血处理。

因现场不具备处置条件，应尽快转运至有处理能力的医院处理。使用不会导致伤员二氧化碳潴留的面罩，并提供高流量吸氧。建立两条大口径静脉输液通路，快速输入生理盐水或是乳酸林格氏液，维持收缩压90mmHg以上。监护方式为：动态监测伤员心电图和血氧饱和度。对腹腔或盆腔出血病员虽可用气压抗休克衣（Pneumatic Anti-Shock Garment，PASG）和/或军事性抗休克裤（Military Anti-Shock Trousers，MAST），但因其可能增加死亡率，因此不推荐使用。

### （二）高空间性休克（High Space Shock）

高空间性休克的特点是伤员全身的静脉大量扩张及空间增加，从而导致动脉血容下降，同时血压下降。

**1. 受伤机制**

交感神经位于胸椎和腰椎区域的脊髓。T6以上脊椎损伤使交感神经系统受干扰，导致血管紧张性和血管扩张性休克。脊髓损伤阻止大脑传送脉搏加速信号，使得儿茶酚胺无法释放，导致心动过缓和皮肤干燥，又被称为神经源性休克（Neurogenic Shock）。临床特点为：血压低，脉搏慢，皮肤温暖。

**2. 症状**

低血压；脉搏缓慢；皮肤温暖、干燥，呈粉红色；下肢麻痹/瘫痪及感觉缺失；没有自主神经系统症状，脸色苍白，心动过缓，出汗。

**3. 处理**

（1）静脉输液，补充血容量（即便伤员没有内外出血时，循环血容量因外周血管张力降低而出现相对血容量不足，仍应考虑补液）。

（2）伤员如无头部外伤，意识水平是判断抢救成功与否的有效指标。

（3）观察是否存在内部出血。

（4）使用血管活性药物（如肾上腺素）以收缩血管，提升血压。

### （三）机械性休克（Mechanical Shock）

机械性休克主要是各种原因导致心脏收缩和/或舒张受限而产生的休克，主要分为心源性休克和梗阻性休克两大类。

1. 心源性休克（Cardiogenic Shock）

（1）心源性休克是一种潜在致命的创伤，主要由直接创伤或心脏肌肉受伤，心脏泵血能力下降所致，可导致心律失常，较难发现。需要注意的是，救援队在灾难现场很难区分心肌挫伤和心包填塞。此外，伤员在灾难发生时因为压力增加诱发出心肌梗死也是很常见的。

（2）临床症状。

①基本存在心肌损伤并伴有胸痛、发绀、心律失常、血压低、心音低沉、颈静脉怒张等。

②如伤员前胸查体可见明确钝器伤，应推断有心肌挫伤。

（3）处理。治疗心律失常；避免过量补液增加心脏负荷，一般不宜超过2L；持续心电图监测；若伤员在5～10分钟内发展为心肌挫伤或心包填塞，死亡率会明显增加，应尽快将其转运至医院，能否及时进行手术治疗是影响伤员存活的关键因素。

2. 梗阻性休克（Obstructive Shock）

（1）心包填塞（Cardiac Tamponade）。

①创伤使心包充血，阻碍心脏有效充盈、收缩，导致心排血量减少。

②75%以上的心脏穿刺伤可发展为心包填塞。

③临床症状：贝克三联征（Beck's Triad），血压下降，心音低沉，颈静脉怒张；可出现奇脉（吸气时收缩压下降，呼气时回升），低电压ECG。

④处理：高流量吸氧、快速转运、静脉输液，维持收缩压在90mmHg以上，进行超声实时引导下心包穿刺。

（2）张力性气胸（Tension Pneumothorax）。

①肺部创伤可能导致空气单向流入胸腔。

②受伤胸腔内气体张力增加，压缩上腔静脉及下腔静脉，使静脉回流减少，从而使心排血量减少。

③临床症状：患侧胸部起伏减少，呼吸音降低，叩诊呈鼓音；气管偏向对侧；颈静脉怒张（颈内静脉）；低血压，心动过速。

④处理：在现场穿刺减压，于患侧第二肋间隙或三肋上缘穿刺，以免伤害到毗邻动脉静脉或神经；然后应迅速转运伤员，将其送至医院进行胸腔闭式引流。

## 二、输液急救

### （一）外周静脉输液

（1）使用大口径静脉导管（14～16G），建立两个外周静脉通路。

（2）输入乳酸林格氏液，成人1～2L，儿童20ml/kg。

### （二）颈外静脉

（1）当不能从外周静脉建立通路时，可尝试颈外静脉。

（2）颈外静脉位于下颌角至锁骨2/3处，向下汇入锁骨下静脉。

（3）按压锁骨上缘更易暴露。

### （三）骨内穿刺输液

（1）儿童及成年伤员，当外周通路建立失败两次后便可以采用此法。

（2）使用14～18号骨穿针。

（3）可穿刺部位：胫骨近端（胫骨结节下一指部位）、肱骨近端、胸骨。

# 第四节　意识异常的管理
# （Management of Consciousness Disorders）

## 一、病理

### （一）原发性脑损伤

（1）原发性脑损伤是指在事故中脑组织受到直接损伤。

（2）发生原发性脑损伤的原因主要包括以下四类。

①减速运动。

②外力撞击颅骨（直接碰撞或同向损伤）。

③反向损伤（相反方向损伤）。

④摩擦脑组织及脑表面。

（3）注重预防是避免原发性脑损伤的最佳方式。

### （二）继发性脑损伤

（1）继发性脑损伤是指头部受伤一定时间后，所产生的一系列脑受损的病变。其中颅内血肿是最多见、最危险的继发性致命病变。颅内血肿按照血肿所在的不同解剖部位，可分为硬脑膜外血肿、硬脑膜下血肿、脑内血肿三类；按伤后至血肿症状出现的时间可分为急性血肿（3日内）、亚急性血肿（4～21日）、慢性血肿（22日以上）三类。

（2）灾难创伤中常见的继发性脑损伤主要可分为以下四类。

①原发性脑损伤后出现的并发症，如脑水肿等。

②高碳酸血症、低氧血症或低血压造成的脑灌注不足。

③低血氧和高碳酸血症（正常呼气末二氧化碳分压为35～40mmHg）使脑血管扩张以容纳更多血压，颅内压随后亦会增加。

④低血压直接降低灌注到脑组织的压力。

### （三）颅内高压

颅内高压综合征是由多种原因造成颅内容物的总容积增加而引起的一种严重临床综合征。

（1）颅骨是一个坚固的骨性结构，可以保护大脑。颅骨内包括脑组织（80%）、脑脊液（10%）、大脑内血液（10%）三个部分。颅腔容积恒定，以上任一部分增加，颅内压即会增高。

（2）正常颅内压＝0～15mmHg，颅内压＞15mmHg提示颅内压增高。

（3）脑灌注压的计算公式是：脑灌注压（CPP）＝平均动脉压（MAP）－颅内压（ICP）（正常脑灌注压＞60mmHg）。

（4）常用的提高脑灌注压的措施主要有两个方面。一是提高平均动脉压：输液或使用升压药。二是降低颅内压：治疗病因，床头抬高30°，使用甘露醇，头部保持中立位，控制过度通气，使用镇静剂硫喷妥钠，施行目标体温管理（Target Temperature Management）。

（5）提高脑灌注压的目标是保持收缩压＞100mmHg，确保脑灌注充足。

### （四）脑疝综合征

由于各种原因使颅内容物异常增加，颅内压增高，脑组织的某一部分因受压移位而进入附近的生理孔道，使脑组织、神经和血管受压，脑脊液循环障碍，由此产生的相应症状群即脑疝综合征。脑疝综合征是最危险的并发症。大脑严重肿胀，使脑组织向下推移到枕骨大孔区域，导致脑脊液循环通路受阻，颅内压增高，脑干受压。

（1）临床症状：①意识水平下降，昏迷；②瞳孔扩大；③眼球震颤；④肢体（相对的）瘫痪；⑤去大脑强直姿势；⑥库欣反应（Cushing Sign）（两慢一高——血压高，心率慢，呼吸慢）。

（2）若脑疝发展下去，患者可能很快就会呼吸停止，生命体征消失并死亡。在此情况下，应立即使用球囊及复苏面罩过度通气，可使伤员$PaCO_2$下降。低$PaCO_2$会使脑血管收缩，减少大脑血量，达到降低颅内压的目的。

（3）脑疝进一步发展的危险性比大脑局部缺血的危险性更高，可使用过度通气的处理方法：成人正常通气频率10次/分，加快到20次/分；儿童正常通气频率20次/分，加快到25次/分；婴儿正常通气频率25次/分，加快到30次/分。目标是使呼气末二氧化碳分压（$PetCO_2$）控制在30～35mmHg。

（4）意识评估。

①瞳孔：直接、间接光反射。

A. 如果大脑出血，会导致同侧瞳孔扩张，同时对侧肢体活动感觉变差。

B. 瞳孔双侧扩张表示极端紧急情况，需要过度通气并快速转运（非反应性）。

②清醒程度：使用AVPU（即清醒、对语言刺激有反应、对疼痛刺激有反应、无反应四个程度）清醒程度评估法进行初步检查，再使用格拉斯哥昏迷量表

（GCS）进行进一步检查（见表5.3）。

检查是否有以下三种情况。

A. 去皮质反应：大脑皮质受损。

B. 去大脑反应：脑干受损。

C. GCS满分为15分，低于9分表示伤员有严重脑损伤。

**表5.3 格拉斯哥昏迷量表（GCS）**

| 评分标准 | GCS | P-GCS | |
|---|---|---|---|
| | 4岁以上～成人 | 1至4岁儿童 | 1岁以下婴儿 |
| 睁眼反应 | | | |
| 4 | 自主睁眼 | 自主睁眼 | 自主睁眼 |
| 3 | 呼唤睁眼 | 呼唤睁眼 | 呼唤睁眼 |
| 2 | 疼痛睁眼 | 疼痛睁眼 | 疼痛睁眼 |
| 1 | 对疼痛无反应 | 对疼痛无反应 | 对疼痛无反应 |
| 语言反应 | | | |
| 5 | 对时间、地点、人物定向准确 | 定向准确，能交谈，对话准确 | 正常哭、笑、发音 |
| 4 | 对时间、地点、人物定向不准确 | 定向失准，混乱回答，可安慰 | 易哭，可安慰 |
| 3 | 答非所问 | 回答失准，不可安慰 | 疼痛刺激哭闹 |
| 2 | 无意义的发声 | 无意义的发声 | 疼痛刺激呻吟 |
| 1 | 无反应 | 无反应 | 无反应 |
| 最佳运动反应 | | | |
| 6 | 遵嘱动作 | 遵嘱动作 | 遵嘱动作 |
| 5 | 对疼痛有定位反应 | 对疼痛有定位反应 | 对疼痛有定位反应 |
| 4 | 对疼痛有躲避反应 | 对疼痛有躲避反应 | 对疼痛有躲避反应 |
| 3 | 疼痛刺激后肢体强直及手部屈曲（去皮反应） | 疼痛刺激后肢体强直及手部屈曲（去皮反应） | 疼痛刺激后肢体强直及手部屈曲（去皮反应） |
| 2 | 疼痛刺激后肢体强直及肢体伸直（去脑干反应） | 疼痛刺激后肢体强直及肢体伸直（去脑干反应） | 疼痛刺激后肢体强直及肢体伸直（去脑干反应） |
| 1 | 疼痛刺激无任何反应 | 疼痛刺激无任何反应 | 疼痛刺激无任何反应 |
| 总分＝睁眼反应＋语言反应＋最佳运动反应 | | | |

## 二、常见影响意识的创伤

### 1. 头皮受伤

（1）头皮受伤可能导致出血时间延长和显著出血。

（2）儿童因自身循环总容量少，即使头皮受伤所致轻微出血，也可导致休克。

### 2. 颅骨受伤

（1）类型：线性非移位骨折（80%）、凹陷性骨折、复合性骨折、颅底骨折。

（2）现场处理的几个方面。

①避免凹陷性或复合性骨折位置直接受压。

②检查是否有任何脑损伤。

③保持供氧和脑灌注充足。

④对开放性颅骨骨折，应包裹伤口，控制出血时避免过分按压。

⑤若有固定颅骨穿刺物（现场不拔除），马上转运伤员。

⑥若伤员为头部枪伤，应假设其脊柱也有受损。

⑦若儿童头部受伤且没有明确原因，应怀疑儿童受到虐待，须即刻向警方及相关机构求助。

（3）颅底骨折临床表现：耳鼻出血或渗出透明液体（颅前凹骨折），眼眶周围晕血（颅中凹骨折、浣熊征），耳后乳突区晕血（颅后凹骨折）。

### 3. 脑部受伤

（1）脑震荡（Concussion）。

头部外伤后脑神经功能短暂受阻，失去意识（或混乱状态），持续时间因不同伤势而各异。伤员也可能有头晕、头痛、耳鸣、恶心、健忘等症状，通常为暂时的。脑部结构未受到真正的破坏。

（2）脑挫瘀伤（Cerebral Contusion）。

头部外伤致脑组织瘀伤。因损伤部位不同，伤员会出现昏迷、持续健忘、异常行为/个性等症状，还可能出现局部性神经系统症状（如肢体虚弱、言语问题）以及脑内血肿。

（3）蛛网膜下腔出血（Subarachnoid Hemorrhage）。

外伤出血渗入蛛网膜下腔，伤员出现剧烈头痛、昏迷及呕吐。脑实质没有受到损害。

（4）弥漫性轴索损伤（Diffuse Axonal Injury）。

弥漫性轴索损伤是常见的弥漫性脑损伤，是引起创伤性脑损伤伤员死亡、严重致残及植物生存状态的主要原因。临床多见于交通事故伤、堕落伤、有回转加速暴力病史，颜面部骨折多见。轻度弥漫性轴索损伤的临床表现与脑震荡相似。严重弥漫性轴索损伤的伤员伤后立即出现意识障碍，昏迷时间超过24小时，严重时一直昏迷至植物状态。

（5）缺氧性脑损伤（Cerebral Anoxia）。

缺氧性脑损伤是由缺氧事件（如心脏骤停、气道阻塞、溺水）造成的损伤。缺氧事件使大脑灌注中断，如果持续缺氧超过6分钟便会造成不可逆的损伤。亚低温治疗可能有保护大脑的作用。

（6）颅内出血。

颅内出血即脑组织内出血，可能是由钝器伤或穿刺性头部外伤造成，其症状取决于涉及的区域及损伤程度。

要预防二次脑损伤所致脑部缺血缺氧坏死的发生，处理手段包括：防止低血压，防止低血氧，减轻脑水肿，降低颅内压，控制癫痫，预防颅内感染。

## 三、颅脑创伤管理原则

颅脑创伤管理主要有以下五大原则。

（1）保证气道安全和良好氧合。

防止脑损伤伤员的低血氧。给予高流量吸氧面罩，维持血氧饱和度＞95%。保持良好通气（但不是单纯过度通气），以防止通气不足。呼气末二氧化碳分压需保持在35～40mmHg。如有需要，可进行气管插管。伤员满足以下条件时，执行过度通气策略（见表5.4）：GCS评分下降超过2分；反常的身体姿势。

表5.4 过度通气策略

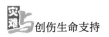

| | 正常频率 | 过度通气频率 |
|---|---|---|
| 成人 | 10～12次/分 | 20次/分 |
| 儿童 | 12～20次/分 | 25次/分 |
| 婴儿 | <25次/分 | 30次/分 |

（2）使用脊柱板稳定伤员。

（3）给予镇静药物（如苯二氮草类）来控制激动的伤员，同时预防癫痫发作。

（4）记录伤员的基线生命体征及神经症状，每5分钟重复一次。

（5）外周置入两条大口径静脉通路，静脉输液，以维持脑灌注。

（廖天治、李小玉）

# 第六章　其他创伤管理
# （Miscellaneous Trauma Management）

## 第一节　腹部/四肢/脊髓损伤及烧伤（Abdominal/Extremity/Spinal Cord Trauma & Burn Injury）

### 一、腹部创伤（Abdominal Trauma）

腹部创伤的关键问题在于有无内脏器官的损伤，如不及时诊治，内脏损伤后引起的大出血与休克、感染与腹膜炎会危及伤员的生命，其死亡率可高达10%～20%。而管理腹部创伤的关键是快速评估伤员并早期治疗休克。

**1. 腹部创伤分类及其特点**

腹部创伤可分为开放性损伤和闭合性损伤两大类。

（1）开放性损伤。开放性损伤又可分为穿透伤和非穿透伤两类：前者是指腹膜已经穿通，多数情况下伴有腹腔内脏器官损伤；后者是腹膜仍然完整，腹腔未与外界交通，但也有可能损伤腹腔内脏器官。

开放性损伤主要是由枪击损伤引起，亦可由利器损伤导致。现代枪弹特点：高速，口径小，弹体轻，易翻滚，变形。现代枪弹会导致内脏损伤、休克、感染及多器官功能障碍综合征（Multiple Organ Dysfunction Syndrome，MODS），遭到枪伤伤员的死亡率高达5%～10%。刀刺伤的体表损伤与体内损伤差别大，腹部刀刺伤最容易损伤的实质性器官为肝、脾、胰、肾等，也可能引发由大血管损伤导致的失血性休克。腹部刀刺伤容易合并胸部伤产生胸腹部联合伤。一种情况是胸腹部均有伤口，胸腹腔均有损伤；另一种情况是腹部有伤口，经腹刺破膈肌损伤胸腔器官。

（2）闭合性损伤。腹部闭合性损伤常见于生产、交通和生活事故中。病人的预后决定于有无内脏损伤。如为腹部实质性器官损伤，主要是内出血的表现，如皮肤黏膜苍白、脉搏增快、血压下降等，并可伴有腹膜刺激征。如为空腔器官破裂，主要为腹膜炎的表现，有强烈的腹膜刺激征。闭合性损伤常伴有其他部位伤，如胸外伤和骨折等，这些其他部位伤掩盖了病史和体征，而使其诊断不易明确。

**2. 腹部损伤院前急救处理原则**

针对腹部损伤的院前急救处理，包括基本生命支持与严重腹部损伤的紧急处理两个方面。其处理原则为：控制外出血（压迫止血），补充血容量并迅速转运；对腹部开放性损伤，如果肠道外露，用生理盐水纱布覆盖；伤情未明之前，均应禁食。

## 二、四肢创伤（Extremity Trauma）

在灾难事件中，有大量的伤亡人员，这就需要进行合理的资源配置。而在灾难现场没有X射线检查的帮助时，只能进行快速评估和最低限度的暂时稳定处理，视诊和经验性救治成为评估是否骨折、脱位及是否需要截肢等的主要手段。

**1. 常见肢体骨折及处理**

肢体骨折常常会伴有神经和血管损伤。在进行神经功能检查时，如果伤员清醒，可让其进行手指屈伸、踝部运动，亦可通过检查手指、脚背和脚底的触觉等进行现场初步感觉和运动功能评估。在灾难现场，四肢骨折造成的血管损伤是一个严重的问题。例如，股骨骨折和骨盆骨折可导致失血性休克危及患者生命。因此，在灾难现场，对股骨骨折和骨盆骨折的固定处理有着非常重要的作用，能够为伤员提供稳定的状态，改善其舒适度，预防进一步的血管损伤，同时为伤员的转运做好准备。

（1）股骨骨折固定原则。

股骨损伤应使用牵引夹板。应从损伤端上下关节开始使用夹板，将关节固定在功能位。如是双侧股骨损伤应使用铲式担架进行转运。

（2）骨盆骨折固定原则。

固定发生骨折的骨盆可选用床单卷、脊椎矫正板或骨盆腹带进行包裹等处理，并用真空床垫或铲式担架转运伤员。

2. 关节脱位及处理

关节脱位的临床表现为关节疼痛与肿胀、畸形、弹性固定和关节盂空虚，以及由此所导致的功能障碍。对关节脱位的处理原则是复位和固定。关于复位，以手法复位为主，时间越早，复位越容易，效果越好。关于固定，应使用夹板把移位肢体固定在脱臼位置或伤员最感舒适的位置。

3. 截肢与断肢处理

在灾难现场，对于发生严重肢体损伤的伤员，救援人员时常难以决定是保肢还是截肢。有以下临床表现时，需考虑截肢。

（1）高能量创伤口或伴污染（如高速来福枪伤）。

（2）受累肢体出现无脉、感觉异常，或是毛细血管再灌注减少。

（3）肢体出现皮肤苍白、冷、无感觉或麻木等症状。

（4）持续低血压或肢体长时间被埋并伴有软组织挤压伤。

此外，断肢应放在塑料袋中，外面放冰水冷却，这样断肢可保存4～18小时。

4. 骨筋膜室综合征

四肢肌肉受肌膜（筋膜）覆盖，创伤或灌注液丢失（如血管损伤、低血压、休克等）后，筋膜腔内的肌肉肿胀，即引起骨筋膜室综合征（Osteofascial Compartment Syndrome）。肢体肿胀会压迫伤员侧肢体或肌肉内的血管和神经。骨筋膜室综合征的早期症状为疼痛和感觉异常，晚期症状为疼痛、无脉、苍白、麻木和瘫痪。

## 三、脊髓损伤（Spinal Cord Trauma）

1. 脊髓损伤的分类

脊髓损伤可分为完全的脊髓损伤和不完全的脊髓损伤。不完全脊髓损伤又可进一步分为脊髓前索综合征、脊髓后索综合征、脊髓中央损伤综合征，以及脊髓半切综合征。

（1）脊髓前索综合征（脊髓前部损伤）：表现为损伤平面以下的自主运动和痛觉消失。由于脊髓后柱无损伤，病人的触觉、位置觉、振动觉、运动觉和深压觉完好。

（2）脊髓后索综合征（脊髓后部损伤）：表现为损伤平面以下的深感觉、深压觉和位置觉丧失，而痛温觉和运动功能完全正常，多见于椎板骨折伤员。

（3）脊髓中央损伤综合征（脊髓中央性损伤）：在颈髓损伤时多见，表现为上肢运动丧失但下肢运动功能存在，或上肢运动功能丧失明显比下肢严重，损伤平面的腱反射消失而损伤平面以下的腱反射亢进。

（4）脊髓半切综合征（脊髓半侧损伤综合征，Brown-Sequards Symdrome）：表现为损伤平面以下的对侧痛温觉消失，同侧的运动功能、位置觉、运动觉和两点辨觉丧失。

**2. 脊髓损伤的处理原则**

（1）（特定情况下）首先抢救。脊柱脊髓伤有时会合并严重的颅脑损伤、胸部或腹部器官损伤、四肢血管伤，危及伤员生命安全时应首先抢救。

（2）头部固定。以徒手制动术固定伤员，婴儿需在肩部放一软枕，成人需在枕部放一软枕。

（3）翻身及转运。凡疑有脊柱骨折者，应使伤员脊柱保持正常生理曲线。切忌使脊柱作过伸、过屈的搬运动作，应在保证脊柱无旋转外力的情况下，三人用手同时平抬伤员平放至木板上，人少时可用滚动法。对于有骨盆和双侧股骨不稳定骨折者，应用铲式担架移送。

（4）快速解救脱困法。以下情况须采用快速解救脱困法：伤员处于严峻环境并受死亡威胁，如身处火灾或身处倒塌的建筑物中；在初步创伤检查或进一步检查中，伤员病情迅速恶化。

快速解救脱困法主要有两种方法：第一种方法是采用胸背锁固定法徒手解救，该方法适用于病情比较危急的伤员；第二种方法是使用短板（半身板）、KED解救套、卷帘床垫（床单卷）等解救伤员，该方法适用于病情较稳定的伤员。

## 四、烧伤（Burn Injury）

烧伤是灾难现场常见的损伤。烧伤可分为烫伤、灼伤、化学伤等类型。虽然烧伤的程度和类型不同，但是对灾难现场烧伤伤员首要的处理应是终止烧伤的进程。

1. **烧伤评估**

（1）烧伤深度分级见表6.1。

**表6.1　烧伤深度分级**

| 烧伤程度 | 影响区域 | 症　状 |
|---|---|---|
| Ⅰ度 | 表皮 | 皮肤红肿，如同晒伤，有刺痛感 |
| 浅Ⅱ度 | 部分真皮 | 皮肤红肿、灼热、剧痛，有水疱 |
| 深Ⅱ度 | 部分真皮 | 皮肤红肿、灼热、剧痛，水疱穿破，汗腺及毛囊受损 |
| Ⅲ度 | 全真皮 | 皮肤呈白蜡或皮革色，神经组织受损，只有周围疼痛 |
| Ⅳ度 | 肌肉骨骼 | 皮肤呈焦黑色，神经、肌肉、骨骼组织都受损 |

（2）烧伤面积评估（新九分法）。

计算方法如下：成人头颈部体表面积为9%（1个九），双上肢为18%（2个九），躯干（含会阴1%）为27%（胸腹前侧13%，背部13%）（3个九），双下肢（含臀部）为46%（5个九＋1），共计11个9%＋1%＝100%。

2. **烧伤管理**

（1）气道管理。

①确保气道开放（颈椎保护）。

②气管插管指征：有大面积的脸部肿胀或吸入伤。

③评估烟雾吸入伤状况。烟雾吸入伤症状包括低氧血症、高碳酸血症和一氧化碳中毒。吸入性损伤是烧伤伤员早期死亡的原因之一，它对伤员生存的影响可能比烧伤面积更大。

（2）液体管理。

①第一个24小时补液量＝4ml×体重（g）×烧伤面积（%）（此公式仅限于Ⅱ～Ⅲ度烧伤）。

②最初的8小时给予第一个半量，后16小时给予第二个半量。

③时间从烧伤受损时开始算，而不是从治疗开始计算。

④用等渗电解质溶液开始补液，如林格乳酸盐溶液。

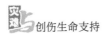

# 第二节　脆弱人群的创伤管理
# ( Trauma Management of Vulnerable Group )

## 一、儿童创伤（Trauma in Children）

儿童与成人在创伤方面有很多不同，主要体现在以下方面：一是创伤方式不同，二是对创伤有不同反应，三是需要使用特别仪器进行评估和治疗，四是评估和沟通较为困难。所以，处理儿童创伤与成人创伤的方法完全不同。儿童都信任自己的家人，所以处理儿童创伤时，家长应参与，支持和关心儿童。这种信任关系有助于查证病历、检查身体、护理创伤、照护儿童、表达关怀，同时有助于取得伤员信任，使他们愿意合作。整个评估过程（包括乘坐救护车）要让家长陪伴左右。同时要留意儿童有否受到虐待。

### 1. 评估儿童创伤

（1）评估工具。

需要对儿童使用特别仪器才能切合他们的需要，如使用Broselow儿科急救尺（见图6.1）或标准儿科急救及复苏资料卡系统（SPARC）。应收集以下资料：①量度身长；②估计体重；③估计未计算的液体及药物剂量；④估计所需常用仪器大小（例如气管内导管）。把收集到的这些资料都放进复苏资料盒内，以供进一步治疗参考。

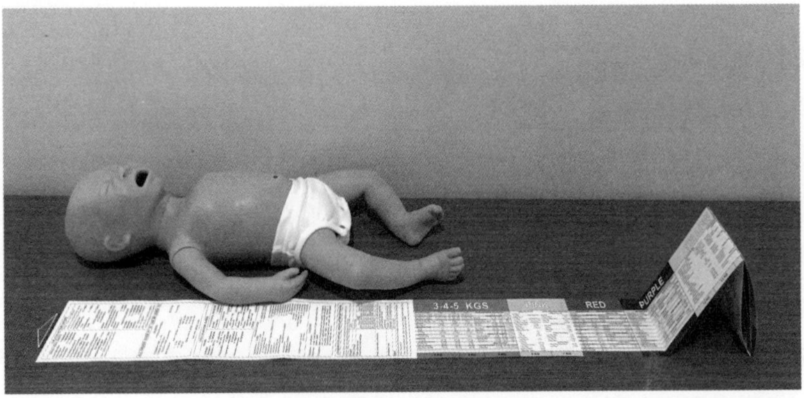


图6.1　Broselow儿科急救尺

（2）气管评估。

①徒手固定：将儿童颈椎固定在中轴位置，辨清气管阻塞的征兆与症状，确认有无呼吸暂停、喘鸣或异常呼吸音。

②检查颈部：查看儿童身上是否有创伤痕迹（瘀伤、伤痕、撕裂），检查颈动脉情况，查看有无颈静脉塌陷或怒张，查看是否有气管移位（对婴幼儿进行该项检查比较困难）。

③检查儿童的清醒程度：清醒程度下降可能是由缺氧、休克、头部创伤、癫痫等原因导致。

④特别需注意以下四个方面：第一，婴幼儿头部很大，应在肩膀下放置垫子，帮助气管扩张，但是颈项过度伸展或会引致气管闭塞。第二，儿童的解剖结构与成人不同，他们舌头大、组织软，因此气管容易阻塞。第三，新生婴儿只能用鼻子呼吸，协助张开口部或用胶球注射器清理鼻子都可以挽救生命。第四，如儿童昏迷没有呕吐反射，可插入口咽导管。尽量不要进行气管插管，因为这样很容易导致气道损伤。鼻咽通气道不宜用于儿童，因为管子和口径太小，容易阻塞。

（3）呼吸评估。

低氧及低通气综合征在儿童中十分常见。因此，呼吸评估对抢救儿童生命尤为重要。

①首先应寻找呼吸困难症状，查看儿童是否出现胸肋骨内陷、鼻翼翕动的情况或是发出呼噜声音。如有需要，应立即施行通气。在使用面罩与苏醒器时，要有过量气体自动排出阀（40cm$H_2O$），以防止充气压力过高。但如果伤员出现因淹溺、支气管痉挛或吸入异物引起的肺部顺应性下降，则要使用高压把空气送入肺部。

②对儿童进行通气时应注意以下几点：

A. 为儿童插管应少于15秒，并且使用呼气末二氧化碳监测，确保气管内导管位置正确。

B. 创伤、恐惧和哭叫会增加儿童的氧气需要，因此要给予100%氧气供应。

C. 建议不要在事故现场为儿童插管。如一定要插入气管内导管，应使用口腔气管内导管，不应使用鼻腔气管内导管，因为儿童鼻孔太小，喉部也太靠前。

D. 选用气管内导管时，可使用测量带仪器。通常选择直径与儿童小指指尖相同的气管内导管。可以使用以下公式计算：$4+\frac{年龄}{4}$ cm。

E. 8岁以下儿童，通常使用无气囊型气管内导管。婴幼儿可使用直式喉镜镜片，这样会较容易看见声带。

（4）循环评估。

①评估要点。第一，要尽早知道儿童有没有休克，心搏过速是儿童休克的最可靠症状；第二，检查儿童上臂动脉脉搏和足背动脉搏动（脂肪组织较少），会比检查颈动脉和股动脉脉搏容易；第三，无论任何岁数的儿童，如果脉搏微弱＞130次/分，通常是休克症状；第四，如果新生儿脉搏＞160次/分，也是休克症状；第五，毛细血管充盈时间＞2秒，皮肤冰冷同样可作为判断的依据。不同年龄儿童的生命体征见表6.2。

**表6.2　不同年龄儿童的生命体征**

| 年龄 | 体重（kg） | 呼吸（次/分） | 脉搏（次/分） | 收缩压（mmHg） |
|---|---|---|---|---|
| 新生儿 | 3～4 | 30～50 | 120～160 | ＞60 |
| 6个月～1岁 | 8～10 | 30～40 | 120～140 | 70～80 |
| 2～4岁 | 12～16 | 20～30 | 100～110 | 80～95 |
| 5～8岁 | 18～26 | 14～20 | 90～100 | 90～100 |
| 8～12岁 | 26～50 | 12～20 | 80～100 | 100～110 |
| ＞12岁 | ＞50 | 12～16 | 80～100 | 100～120 |

②对儿童休克的处理。首先静脉输注20ml/kg的生理盐水，如休克持续，再输注20ml/kg的生理盐水。在抢救儿童休克时，如未能插入静脉输液装置（超过2次穿刺失败），便可进行骨髓腔刺穿和输液。

③对儿童出血的处理。儿童的血液量很少（80ml/kg～90ml/kg），以一位10kg儿童为例，其血液量还不够2000ml，所以儿童很容易因流血而休克。如儿童身体有流血伤口，必须用尽方法尽快止血。通常止血的方法有以下三种：直接加压；使用压力绷带，抬高伤口位置；使用止血剂。如有休克，提示失血＞30%，应给予静脉输液（20ml/kg）。现场急救须限于5分钟内，并在送院途中进行持续监测和救治，同时注意保持身体温暖。

④意识评估：通常采用儿童格拉斯哥昏迷量表去评估儿童的意识，询问受伤儿童父母其平时的意识反应；如果伤员嗜睡，可能脑部已出现问题。

**2. 处理儿童创伤**

（1）头部创伤。

儿童的生理原因导致其头部比较大、比较重，因此头部创伤是儿童死亡的最常见原因。对于儿童头部创伤的处理有以下三大原则。

①给予足够的氧气供应，因为创伤后脑部对氧气的需求增加。

②保持高水平血压，婴幼儿的收缩压应维持＞80mmHg，较年长儿童，收缩压应维持＞90mmHg。

③预防吸入异物。头部创伤者常会呕吐，也会吸入异物，使用面罩与苏醒器通气时要使用Sellick手法（即环软骨下压），或插管吸痰，以保持气管畅通。

（2）胸部创伤。

①常见原因：挤压伤、钝器打击伤、高空坠落伤、爆震伤以及由于损伤穿破胸膜而造成的气胸/血胸等。

②临床表现：心搏过速，发出呼噜声音，鼻翼翕动，胸廓内陷。通常不容易分辨儿童有没有气胸或高压性气胸。儿童的胸壁弹性非常好，所以创伤后很少出现肋骨骨折、连枷胸或心包填塞。如果有肋骨骨折，则要注意有无内脏损伤。

（3）腹部创伤。

腹部创伤引起的内出血是儿童创伤的第二位死因（儿童30%～70%的创伤死亡，是颅脑损伤）。儿童脾脏和肝脏位置靠下、靠前，而膈肌呈水平位，因此儿童肝脾等器官几乎不受肋骨和肌肉的保护，微小的创伤就会导致严重的腹腔内器官的损伤。儿童创伤后，如腹部有瘀伤，应检查是否有内伤。如没有明显外伤流血，却出现休克，则须立即处理。

（4）脊柱创伤。

小于9岁的儿童通常会有上颈椎创伤（因为头部重），大于9岁的儿童通常会有下颈椎创伤。脊柱有创伤，但医学诊断影像中却没有任何异常，此种情况儿童较成人普遍。脊柱可能受到创伤的儿童，须妥善限制其脊柱活动，如将婴幼儿伤员放在车辆安全椅内，须加垫毛巾、垫子，限制其活动。

## 二、老年人创伤（Trauma in Elderlies）

通常来说，65岁以上人士属老年，不少国家的退休保障也都从65岁开始。除了年龄，用以下生理特征来界定“老年”比较适合：①神经细胞减少；②肾脏功能衰退；③皮肤和组织弹性减退。若不幸老年人遇有创伤，即使伤势不重也容易致命。老年人因创伤致命的常见原因如下。

①跌伤（最多，约占67%），跌伤可能导致髋骨、股骨、手腕骨折及头部创伤。

②烧伤（约占8%），主要为烫伤、火烧及电击伤。

③车祸（约占25%）。

### 1. 评估老年人创伤

（1）气管评估。老年人常戴有假牙，这会增加创伤时气管阻塞的风险。

（2）呼吸评估。老年人的呼吸系统会随着年龄增长发生一些生理变化，如：①肺部灌注减少30%；②胸壁活动和肺活量减少，呼吸急促、短浅；③脊椎后突、呼吸储备不足，因此影响有效呼吸；④面部肌肉减少，因此用气囊面罩通气时可能漏气。

（3）循环评估。老年人因功能退化可能出现以下四方面的问题。

①慢性心力衰竭和肺水肿，由心脏和血管、每搏输出量和心排血量减少，心瓣运作不正常导致。

②收缩期高血压。老年人的周边动脉会退化，并且变硬，这会增加周边血管阻力，造成收缩期高血压。老年人常患有高血压，若血压降至一般成人的正常范围则可能是休克征兆。

③低温症。罹患低温症的伤员，其保持正常体温的机能不能正常运作。老年人创伤后如外部寒冷，较容易患上低温症。

（4）神经系统评估。老年人神经系统常见以下五类问题。

①硬脑膜下血肿。老年人脑部缩小，脑部和头骨之间有更多空间，这会增加创伤后出现硬脑膜下血肿的机会。

②脑血管硬化，因减速造成创伤时，脑血管容易破裂。

③脑部血流量减少，感官便会迟缓。例如，对痛楚反应迟缓，听觉、视力减退。

④老年人对痛楚反应迟缓，可能分辨不了受伤部位。

⑤因年老而脑血流量减少的其他症状包括神志模糊、暴躁、善忘、睡眠习惯改变、失忆等。

（5）胃肠及肾脏评估。主要评估以下四个方面的问题。

①老年人胃液减少，肠吸收功能退化，较难吸收到足够的营养。

②便秘和粪便阻塞常见。

③肝功能减退，肝脏难以进行药物代谢。

④老年人肾小球滤过率（Glomerular Filtration Rate，GFR）减低，排尿和排出某些药物也会变得困难。

（6）骨骼肌肉评估。老年人只要轻轻跌倒，就容易骨折，由于肌力减少、年老导致骨质疏松、皮下组织减少、脊柱后突，做脊柱固定时要在背部两旁加垫子。

**2. 处理老年人创伤**

（1）初步检查。

①现场评估。老年人可能同时患有多种慢性疾病，这会加剧创伤的严重性。与老年伤员沟通可能会有困难，因为他们多有感官迟缓，听力、视力减退，抑郁，常用方言等问题。可尝试从信赖的家人或邻居处查核背景。应迅速评估现场，分辨老年伤员是否有以下问题：自理能力下降，酗酒症状，服用多种药物，遭受暴力、虐待或疏忽照顾。整体上而言，受虐或疏忽照顾的问题在老年人群体中比较常见。

②伤员评估。首先，进行常规ABC评估（颈项固定）。老年人可能患有关节炎或驼背，很难把他们固定在脊柱板以确保仰卧位置正确，因此应在伤员背部加垫子，以确保脊柱位置正常。打开和评估不闭合的气管时，应注意牙屑碎片和假牙可能会阻塞气管。如果气管问题不能解决，考虑插入气管内导管（固定颈椎活动）。如果呼吸太慢（例如＜10次/分）或太快（例如＞30次/分），应施行辅助通气，供应100%氧气，并且进行二氧化碳波形图监测。其次，进行用药的评估。药物会影响身体对创伤的反应，如抗高血压药（例如β受体阻滞剂）和周围血管扩张药（例如硝酸钠）会干扰身体，在低血容量时，会阻碍血管收缩。如果曾使用β受体阻滞剂，低血容量性休克伤员的心脏收缩速度会受限制。

（2）进一步评估。

应进行常规的全身评估，注意静脉输液补充。患有心血管病的伤员，大量输液会引致慢性心力衰竭。应不时评估伤员的呼吸功能，特别是患有肺病的伤员。

## 三、孕妇创伤（Trauma in Pregnant Women）

创伤是怀孕期发病和死亡的主因，而有6%～7%的孕妇会遭受一定程度的创伤。孕妇在意外创伤中更容易发生危险。头晕、换气过度、过度劳累，常与早孕相关，生理学变化也影响平衡和协调，风险增加。在孕妇创伤中，交通意外事故达65%～70%，其他常见创伤原因有跌倒、虐待、家庭暴力、侵入性创伤、烧伤等。孕妇伤员的脆弱及对未出生胎儿的潜在伤害，提醒我们要同时保护孕妇和胎儿两方面。

### 1. 评估孕妇创伤

（1）胎儿生理。胎儿在怀孕期首3个月形成，然后继续生长，到第24周如被迫出生有可能存活。怀孕期3阶段状况见表6.3。

**表6.3　怀孕期3阶段状况**

| 孕期 | 状况 |
| --- | --- |
| 怀孕期头3个月<br>（1～12周） | 胎儿不能存活<br>监测不到胎儿心跳声<br>未能量度子宫宫高 |
| 怀孕期中3个月<br>（13～24周） | 胎儿应可存活<br>监测到胎儿心跳声，120～170次/分<br>子宫宫高还有一半才至肚脐（16周）；到达与肚脐齐高的位置（20周） |
| 怀孕期末3个月<br>（25～40周） | 胎儿能够存活<br>监测到胎儿心跳声，120～170次/分<br>子宫宫高每周增加1厘米，直至第37周，胎儿便会进入骨盆 |

（2）孕妇生理。孕妇在怀孕期产生的生理变化见表6.4。

表6.4　孕妇在怀孕期的生理变化

| | 正常女性 | 孕妇 |
|---|---|---|
| 血容量 | 4000ml | 增加40%～50% |
| 心率 | 70次/分 | 增加10%～15% |
| 血压 | 110/70mmHg | 减少5～15mmHg |
| 心排血量 | 4～5升/分 | 增加20%～30% |
| 血比容 | 40% | 血比容下跌，因为液体容积增加 |
| 血红蛋白 | 13g/dL | 血红蛋白下跌，因为液体容积增加 |
| 呼吸率 | 12～14次/分 | 呼吸率增加 |
| $PaCO_2$水平 | 38mmHg | $PaCO_2$下跌，因为横膈膜上升，使呼吸急速 |
| 胃部活动 | 正常 | 胃部活动减慢，胃部多残留食物，容易呕吐 |

2. 处理孕妇创伤

（1）交通意外事故。如车辆损毁轻微，少于1%的孕妇会受创伤。安全带可以大大降低死亡率，且没有证据显示使用安全带会引致孕妇子宫创伤。应根据胎儿孕周处理伤员：如胎儿孕周＜20周，子宫未及肚脐，应优先稳定孕妇情况（更多留意孕妇）；如胎儿孕周＞20周，子宫横向移位，应确定胎儿有心跳声，并稳定孕妇和胎儿情况（同时留意两个伤员）。撞车可导致孕妇因头部创伤、流血不止而死亡，也可导致胎儿窘迫、胎儿死亡、胎盘早剥、子宫破裂及早产的发生。

（2）侵入性创伤，如枪击或刺伤。枪击使孕妇的子宫承受子弹冲击力，导致死亡的概率较大，胎儿的死亡率为40%～70%，孕妇的死亡率为4%～10%。侵入性创伤也可引致肠创伤。

（3）家庭暴力。少部分不幸的孕妇会遭受虐待，通常是被配偶或男友虐待。常见创伤部位为面部和颈部。

（4）跌伤。孕妇的身体重心会转移，怀孕时间越长，跌倒概率越大。跌倒会使骨盆受伤，导致胎盘分离等。

（5）烧伤。孕妇与非孕妇有相同的死亡率。孕妇表面烧伤若超过20%，会增加胎儿死亡率。烧伤后需增加静脉输液。

（黄文姣、任秋平）

# 第七章　灾难心理急救
# （Disaster Psychological First Aid）

在灾难中，社区或社会的功能被严重破坏，受到影响的社区或社会不能通过动用自身资源去应对。灾难会导致财物的损坏、资产的损毁、服务功能的失去、环境的退化，会使社会和经济被破乱，会致使生命的丧失、身体的伤残病，以及其他对人的身体与精神的负面影响。

据世界卫生组织统计，从美国“9・11”事件、印度尼西亚海啸、伊拉克战争等重大事件来看，灾难过后，长时间暴露在灾难现场的人员中，有8%~12%的人会出现创伤后应激障碍（Post-Tramatic Stress Disorder，PTSD），灾难场景会“侵入性”地唤起他们的回忆，使得患者在创伤事件后仍反复体验到该事件及带来的感受，并有避免引起相关刺激的回避行为和高度的警觉状态。病情很可能会持续并进而引起患者主观上的痛苦和社会功能障碍。

## 第一节　应激相关障碍
## （Truma and Stressor Related Disorder）

### 一、急性应激障碍

急性应激障碍（Acute Stress Disorder，ASD）是指在遭受身体和/或心理的严重创伤性应激后，出现的短暂的精神障碍，患者常在几天至一周内恢复，一般不会超过1个月。如果应激源被及时消除，症状往往历时短暂，缓解完全，预后良好。急性应激障碍可发生于任何年龄段，但多见于青少年。据报道，13%~14%的车祸幸存者、33%的大屠杀目击者、19%的犯罪行为受害者出现了急性应激障碍。

急性应激障碍起病急骤，在明显的应激事件影响下，患者可表现出以下三种症状。

（1）意识障碍。

患者在遭受突如其来的应激事件时，因毫无准备，可处于心理“休克期”，表情茫然或麻木，头脑一片空白，表现出不同程度的意识障碍。患者可能出现情感反应不协调、行为混乱、事后不能回忆或不能完全回忆，以及冲动行为、幻觉、妄想、定向障碍等情况。

（2）精神运动性兴奋。

患者表现为伴有强烈情感体验的不协调性精神运动性兴奋，其内容与发病因素或个人经历有关。

（3）精神运动性抑制。

部分患者表现为沉默少语，表情茫然，呆若木鸡，长时间呆坐或卧床不起，不吃不喝，对外界刺激缺少反应，情感反应迟钝，有时会出现木僵状态（身体僵硬）。

上述三种症状可以混合出现或前后转换。患者还会通过反复出现的印象、梦境，以及错觉、触景生情等方式反复体验创伤性事件。如在车祸中失去妻子的丈夫，看到妻子的衣服，就会想起车祸当时的情境。回避是最常用的应对策略，患者常回避能引起创伤性回忆的刺激，如不愿谈起有关的话题，也不愿去想有关的事情，甚至回避那些能勾起回忆的事物等。否认是患者最常采用的防御机制，患者可能会觉得事情并未真正发生，或者回忆不起当时的情境。患者还可能出现警觉性增高的一些症状，如入睡困难、易激惹、注意力难以集中、坐立不安、对声音敏感等，同时可伴有恐惧性焦虑和自主神经系统症状，如心悸、手脚发麻、冒汗、震颤等。多数患者在发病后1个月内能逐渐恢复正常，预后良好。

## 二、创伤后应激障碍

创伤后应激障碍又称延迟性心因性反应，是指在遭受异乎寻常的威胁性或灾难性打击之后出现的延迟性和持续性精神障碍。创伤后应激障碍的应激源通常会给个体造成异常强烈的感受，可能会危机个体生命安全，包括自然灾难，如洪水、地震、泥石流、火山爆发等，以及人为的灾难，如火灾、严重的交通事故、战争、强奸、身体酷刑等，造成个体极度恐惧、无助。应激源会引起个体病理性创伤性体验的反复出现、持续的警觉性增高和对创伤性刺激的回避，并造成显著的功能损害。从遭受创伤到出现精神症状的潜伏期大多为数周到3个月，很少超过6个月。

最初创伤后应激障碍的研究对象主要是退伍军人、战争中的俘虏和集中营的幸存者，后来逐渐扩大至各种自然灾难和人为灾难的受害者。国内外采用不同方法及对不同人群的社区调查发现，创伤后应激障碍的发病率为1%～14%，对高危人群如美国参加越南战争的退役军人、火山爆发或暴力犯罪的幸存者研究显示，创伤后应激障碍患病率为3%～58%。创伤后应激障碍可发生于任何年龄段，包括儿童，最常见于青年人。流行病学研究还发现，对同一创伤性事件，女性患创伤后应激障碍的概率是男性的2倍。创伤后应激障碍通常在创伤发生后3个月内起病，也可在数月或数年后起病。研究表明，约有50%的患者在起病1年后康复，但有1/3的患者在数年后仍保持有症状。

创伤后应激障碍表现为一系列在遭受重大创伤性事件后特有的临床表现，主要为以下三个类别。

**1. 创伤性体验的反复出现**

患者以各种形式反复体验创伤性的情境，令其自身痛苦不已：脑海中常控制不住地反复出现创伤性情境的图像、知觉和想象；反复做有关创伤性情境的噩梦；反复出现创伤性经历重演的行为和感觉，仿佛又回到了创伤性情境中，称为闪回发作（Flash Back Episode，FBE），它是和过去创伤性记忆有关的强烈的闯入性体验。闪回经常占据患者整个意识，仿佛此时此刻又重新生活在那些创伤性事件当中。闪回不同于强迫观念，因为它来自对过去体验的记忆，而不是与以前体验无关的内容。在闪回期间，患者的行为和闪回的内容有关，患者常并未意识到自己的行为在当前是不适当的。另外，任何和创伤性事件有关的线索，如相似的天气、环境、人物、图像、声音等，都可能使患者触景生情，产生强烈的心理反应和生理反应。如空难的幸存者，一听到空中飞机的声音，就表现出紧张不安，头脑里不断重复空难当天的情境：同乘乘客的尸体横在自己面前，无数人呻吟，行李物品散落一地，空气里弥漫着烧焦的气味，自己躺在又冷又湿的地上等待救援。

**2. 持续性的回避**

患者表现出尽量回避与创伤有关的人、物和环境，回避相关的想法、感觉和话题，不愿提及相关的话题，还表现出不能回忆有关创伤的一些重要内容。患者对一些活动明显失去兴趣，不愿与人交往，与外界疏远，对很多事情感到索然无味，对亲人表现冷淡，难以表达和感受细腻的感情，对工作、生活缺乏计划，变得退缩，性格孤僻，让人难以接近。

**3. 持续性的警觉性增高**

患者表现出睡眠障碍，易发脾气，难以集中注意力，对声音敏感，容易受到惊吓。遇到与创伤事件相似的情境，患者会出现明显的自主神经系统症状，如心悸、出汗、肌肉震颤、面色苍白或四肢发抖。此外，此类患者多数伴有焦虑或抑郁，少数甚至出现自杀企图。有研究报道称，多数患者常继发抑郁障碍和物质滥用。

## 第二节　心理急救救援者的准备（Preparation of the Rescuers with Psychological First Aid）

### 一、救援者的Do与Don’t

#### （一）Do：救援者应这样做

（1）诚实守信。

（2）尊重受助者的权利，让其做出自己的决定。

（3）要注意抛开自己的偏见和成见。

（4）向受助者明确告知即使他现在拒绝接受帮助，未来仍然可以得到帮助，尊重受助者的隐私，严格对其故事保密。

（5）行为恰当，要考虑到受助者的文化、年龄和性别差异。

#### （二）Don’t：救援者不应这样做

（1）不以救援去开拓自己的人际关系。

（2）不要获取任何金钱或帮助。

（3）不要给虚假信息或做出虚假承诺。

（4）不要夸大自己的技能。

（5）不要将帮助强加于他人，不要强迫受助者接受。

（6）不要强迫别人诉说自己的故事。

（7）不要把受助者的故事讲给别人听。

（8）不要通过感觉或行为来判断一个人。

## 二、救援者的心理准备

### （一）救援者的应对方式

应对（Coping）是为了改变个人和环境之间的压力所产生的反应。在不同的情况下，救援者可采用不同的应对方式（Coping Style）。拉撒路和佛克曼（Lazarus & Folkman，1984）将应对方式分为两大类：一是问题取向的应对方式（Problem-Focused Coping）。当遇到压力时，主动、直接地分析并解决问题，探讨压力事件发生的诱因，改变个人的预期想法，开发新的行为指标，学习新的技巧，以及主动去寻求帮助和支持。二是情绪取向的应对方式（Emotional-Focused Coping）。当遇到压力时，并非直接应对产生压力的来源及环境，而是借着情绪上的抒发与支持，去控制因压力情境所引发的情绪反应（例如抑郁、焦虑）。人在面对可以承受或控制的压力情境时，通常会采用问题取向的应对方式；相反，人在面对无法负荷的压力情境时，则多采用情绪取向的应对方式。

贾洛维克（Jalowiec，1987）将应对分为以下八种类型。

①面对（Confrontive）：面对问题及有建设性地解决问题。

②乐观（Optimistic）：正向思考。

③寻求支持（Supportant）：寻找支持及运用支持系统。

④自力更生（Self-reliant）：依靠自己处理及解决问题。

⑤逃避（Evasive）：做一些事以延长面对问题的时间或避免面对问题。

⑥宿命论（Fatalistic）：抱有悲观的想法。

⑦情绪化（Emotive）：以情绪表达或发泄。

⑧缓和（Palliative）：做一些事使自己觉得比较好过。

概括来说，面对、乐观及寻求支持的应对类型较逃避、宿命论的应对类型为佳。

### （二）救援者的沟通技巧

良好的沟通技巧，是提供有效帮助的保障。建立良好的沟通桥梁的前提是救援者持有热情、诚恳、尊重的态度。救援者在沟通时态度要真诚，要尊重受助者，要有同理心（Empathy），要对受助者的个人隐私保密，要做到表里如一。救援者要以诚挚的态度表达出提供帮助的意愿，不一定要说很多话，可以用非语言方式传递信息。受助者有其尊严，应该受到尊重和保护。

学会倾听是提供帮助的先决条件，这要求救援者认真听对方讲话并认同其内心体验，接受其思维方式，以求设身处地地思考与反馈。倾听也是尊重与接纳的直接体现。倾听的基本技巧包括：耐心聆听，鼓励表达，非批判性聆听（Non-Judgemental Listening），避免与受助者对质，积极聆听（Active Listening）。

非语言沟通的表现形式包括非语言响应、个人空间、坐姿和位置、非语言表达、身体语言、声调。身体语言包括面部表情、眼神接触、点头、坐姿、身体动作，以及身体距离等。通常认为我们的身体语言比我们所使用的言语威力强8倍，所以我们必须要留意身体语言的影响力。声调是指人们使用的不同语速、语调和音高。不同的声调导致受助者理解我们所说的话的程度是有很大分别的，所以，我们必须留意自己的声调是否给受助者诚恳及亲切的感觉。

提问可令受助者反思自己的困惑，具有澄清、提醒、肯定及探索的作用。常用的提问技巧包括：开放式提问（Open-Ended Question），封闭式提问（Close-Ended Question），澄清不清晰的内容或概念以减少不必要的误解。

与受助者面谈时可着重以下几个方面。

第一，扼述语意（Paraphrasing）。重述面谈的主要重点，以表示对受助者的聆听及理解。可通过扼述语意来检视救援者对受助者所表达内容的准确性，以协助其与受助者进行进一步的交谈，为面谈建立方向。

第二，反映感受（Reflection on Feelings）。要留意受助者的情绪变化，包括其身体语言及声调，帮助受助者探索及面对自己的情绪。救援者不妨以感觉标签去响应，或以事情背景或简短释意去响应。

第三，集中话题（Focusing）。受助者可能因情绪不稳等因素而经常转变话题，而集中话题有助于受助者组织思路。

第四，综合摘要（Summarising）。精简、准确及有系统地综合受助者说话内容的重点，让受助者清晰地重温自己的想法，以此作为面谈的总结。

第五，决策（Decision Making）。探讨可行方案，建立支持系统，寻求社会资源的介入，转到专业服务机构。

#### （三）救援者如何向受助者告知噩讯

在告知受助者噩讯前，一定要肯定两点：一是自己所得的数据是准确的，二是自己是一个告知噩讯的适当人选。若救援者对上述两项并不能肯定，可以对受助者说出安慰的话，例如："我明白你很担心你的家人/朋友，可是你现在受了伤，不如先到医院治疗后再作打算吧。"

## 第三节　心理急救（Psychological First Aid）

### 一、心理急救的"4L"原则

（1）Look：查看周围环境是否安全。

（2）Listen：倾听受助者的需求，包括身体上和心理上的。

（3）Lend a Hand：给予即时的帮助，如提供食物、衣物等。

（4）Link：转介受助者至各类社会支持系统。

### 二、心理急救步骤

#### （一）初步接触与建立互信

（1）介绍自己并询问当前的需求。

（2）注意保密。

## （二）安全与舒适

（1）第一时间确保人身安全。

（2）提供有关应对灾难的救援与服务的信息。

（3）为幸存者提供舒适的身心环境。

（4）鼓励社交活动。

（5）照顾与父母或照料者失散的儿童。

（6）避免更多的创伤体验和提示创伤的因素。

（7）救助家人下落不明的幸存者。

（8）救助失去了至爱亲朋的幸存者。

（9）慰藉幸存者，保证其精神需求得到基本满足。

（10）提供殡葬信息。

（11）应对创伤性哀伤。

（12）安抚接到家人死亡通知的幸存者。

（13）安抚认领遗体的幸存者。

（14）协助父母/监护人告知儿童其亲人的死讯。

## （三）稳定情绪

（1）稳定情绪崩溃的幸存者。

（2）使情绪崩溃的幸存者在情绪上适应。

（3）注意重视药物治疗对稳定情绪的作用。

## （四）搜集资料

（1）灾难中创伤经历的性质和严重程度。

（2）亲人的去世。

（3）对灾难后当前处境和持续存在的威胁的担忧。

（4）与亲人分离或担心亲人的安危。

（5）身体疾病、心理状况和求治需求。

（6）丧失的家庭、学校、邻居、事业、个人财产、宠物等。

（7）极度内疚和羞愧感。
（8）伤害自己或他人的念头。
（9）社会支持的可能性。
（10）饮酒史或药物滥用史。
（11）创伤史或丧失史。
（12）对青少年、成人和家庭发展影响的特殊担忧。

### （五）给予实际帮助

（1）为儿童/青少年提供实际援助。
（2）确认最紧急的需求。
（3）澄清真实需求。
（4）讨论行动计划。
（5）付诸行动，满足需求。
（6）协助寻找失踪家属。

### （六）联系社会支持系统

（1）加强与家庭成员和其他重要人物的联系。
（2）鼓励利用即时可用的支持人员。
（3）讨论实时可用的物资。
（4）给予儿童/青少年特殊照顾。
（5）如言语不通，提供翻译人员。

### （七）教授应对技巧

（1）提供关于应激反应的基本信息。
（2）讨论对创伤经历和丧失经历常见的心理反应。
（3）与孩子讨论他们身体和情绪上的反应。
（4）提供应对方法的基本信息。
（5）讲授简单的放松技巧。
（6）教授适用于家庭的应对方法。

（7）处理发展性问题。

（8）处理愤怒情绪。

（9）应对非常负面的情绪。

（10）应对睡眠困难。

（11）应对酒精和药物的过量使用。

### （八）联系社会网络

（1）建立幸存者与协助性服务机构的直接联系。

（2）对儿童/青少年的治疗转介。

（3）对老年人的治疗转介。

（4）帮助保持持续稳定的协助关系。

## 第四节　如何对伤员进行心理急救（How to Give Psychological First Aid to the Injured）

伤员可能出现下列不同种类的情绪反应：惶恐、焦虑、忧虑或紧张，情绪低落、罪恶或内疚感，愤怒、情绪失控、震惊或麻木，意识模糊或对外界事物的接收能力减弱，自我伤害、自毁行为或自杀念头，暴力倾向/行为，恐慌突袭（Panic Attack）。

### 一、情绪低落及焦虑的伤员

意外发生后，伤员可能因种种原因而感到紧张、忧虑、焦虑、惶恐及情绪低落。这些都是可以理解的情绪反应。只要救援者多加安慰及留意伤员的需要，伤员的情绪大都可以平复。

#### （一）一般处理

（1）要注意伤员的身体安全。除了处理伤员的直接创伤外，亦要留意伤员其他的需要，例如给予伤员饮料及保暖衣物。

（2）要保持镇定的态度。要知道在意外受伤后，伤员可能因种种原因而产生情绪的波动。

（3）要保持不急不躁的态度。

（4）要有同理心。

（5）要保持友善、关心及诚恳的态度。

（6）要留意伤员的心理反应。

（7）要留意伤员的生理反应。当伤员感到焦虑及紧张的时候，他的呼吸可能会变得急促。此时，要引导伤员做深呼吸——深而慢的吸气及呼气。另外，当伤员焦虑时，身体亦可能有以下的反应：心跳加速、冒汗、手震、肌肉跳动或身体震动、口干、耳鸣、头晕及眼蒙等。

（8）鼓励伤员说出自己的感受并加以安慰（可采用开放式提问）。

（9）用心聆听。

（10）非批判性地聆听（如不要质疑伤员）。

（11）在可行的情况下，尽量满足伤员的需求。当然，救援者切勿对伤员做出不切实际及超出自己能力范围的承诺。

（12）大部分伤员的情绪都会在伤势稳定后逐渐稳定下来。当然，亦有少部分伤员的情绪会变得更加激动。

（13）若情绪的低落或焦虑感觉持续两星期或以上，同时影响到伤员日常的生活，伤员便可能患上了情绪病而需要专业人士的帮助。

### （二）BANANA法

在遇到有负面情绪时，可用BANANA法去处理伤员情绪。

B = Breathe（Deep and slow breathing）：深呼吸。

A = Aware of your body sensation：注意你的身体感觉（如头痛等）。

N = Name your feeling：说出你的感觉（如不开心）。

A = Analyze your thinking：分析你的思维（如因为晋升失败，所以不开心）。

N = New way of thinking：换一种新的思维方式（如失败乃成功之母，再接再厉）。

A = Act differently：表现得不一样（如现在我们去KTV唱歌，轻松一下）。

### （三）身心松弛法

身心松弛法是缓解焦虑、抑郁情绪的有效方法。常见的身心松弛法包括腹式呼吸松弛法、肌肉松弛法，以及意象松弛法。

（1）腹式呼吸松弛法。本方法适用于因紧张而导致换气过度的伤员，同时要求伤员没有胸部及腹受伤，也没有长期咳嗽。开展时间约5分钟，效果较佳。

（2）肌肉松弛法。本方法适用于有压力（如伤员、幸存者、救援人员），能跟从指令，并且没有气喘或手脚不协调者。开展时间10～20分钟，效果较佳。

（3）意象松弛法。本方法适用于有压力者（如伤员、幸存者、救援人员），能跟从指令者，同时需要参与者有想象力。开展时间约10分钟，效果较佳。

## 二、有内疚感的伤员

在意外中，伤员除了自己受伤外，与其同行的朋友或亲人也可能在意外中受伤，甚至死亡。伤员有可能会责怪自己为什么会相约朋友或亲人到意外的现场，或是责怪自己不能及时救回朋友或亲人。

若伤员目击自己的朋友或亲人在意外中死亡，而自己也因伤势或环境的限制不能对朋友或亲人做出任何帮助，其内疚感可能会更强烈。

对这类伤员的处理重点如下。

（1）给予时间让伤员说出事情始末。

（2）询问一些较简单的问题，继而引导伤员说出自己的感受。

（3）鼓励伤员说话而不要中途打断伤员。

（4）不要告诉伤员（生还者）你完全知道他的感受。

（5）不要告诉伤员（生还者）他还幸运地生存着。

（6）不要低估意外经历的影响力，如对伤员说：“这都不是太坏！”

（7）不要建议伤员只需控制自己、振作起来。

## 三、惊恐发作的伤员

突发的意外及受伤会令一部分人出现惊恐发作的情况。他们可能本身已患有情绪病（如焦虑症或惊恐症）。但是在意外中，惊恐发作亦会发生在从没有情绪问题的伤员身上。惊恐发作时，在10～15分钟内伤员会突然感到很惊慌，出现身体的不适，如心跳加速、呼吸不畅顺、头晕、眼花、耳鸣或手脚麻痹等；呼吸的不畅顺令伤员的呼吸变得短促（换气过度）；惊慌下的各种身体反应及不适会令伤员误以为自己的身体有严重疾病或自己已失去自控能力；在思想方面，遭遇惊恐发作的伤员会害怕自己突然晕倒、突然死亡或情绪完全失控。

对这类伤员的处理重点如下。

（1）当判断伤员是否惊恐发作时，要确信伤员的身体不适不是源于身体的问题，如心脏病或哮喘发作。

（2）若伤员的呼吸变得短促，引导伤员将呼吸变得深而慢。

（3）帮助伤员稳定情绪及减低焦虑。向伤员解释，他的身体不适是由焦虑引起的，而因身体的不适误以为自己的身体有严重疾病的担心会令他产生更多焦虑，加剧身体的不适，进而会演变成一个恶性循环。

（4）向伤员强调，若他尽量放松，他的恐慌突袭很快便会消失，而他亦不会有生命危险。

（5）如果出现过度换气，可叫伤员跟着救援的手势进行又慢又深的呼气（5秒）及吸气（5秒）直到其症状减轻为止。

## 四、有自我伤害或自杀念头的伤员

当遇上意外及受伤时，伤员有可能会有自我伤害，甚至自杀的念头或行为。施救者亦可能会对自我伤害或自杀未遂的伤员进行急救。常见的自我伤害行为包括：过量服药，割伤自己，火烧自己，撞头，把身体撞向硬物，用拳头打自己，用东西戳伤自己，吞下不适当的东西，等等。大部分自我伤害的人都没有精神病，不过，有些可能患有抑郁症，有严重的性格问题或有毒瘾或酒瘾。尽管如此，这些人都需要专业协助。女性比男性更常有自我伤害的行为。很多自我伤害的人在童年时曾遭遇身体、情绪或性方面的虐待。自我伤害后自杀的风险会增加，我们必须要认真对待每一个自我伤害的人，并向其提供协助。

世界卫生组织指出，九成自杀个案与精神困扰（尤其是抑郁症或药物滥用）有关。自杀事件通常在危机时间（如失去挚爱、失业或失恋等之时）发生。有研究指出，30岁以下的自杀者大多数都是性格冲动或是滥用药物者，面对的压力亦与分手、失业、被人拒绝或惹上是非等有关。至于30岁以上的自杀个案则多与情绪问题和健康问题有关。自杀风险最高的人士为独居的抑郁患者，当中包括鳏寡离异的男女，尤其以男性更甚。所以，亲友及身边人的关心支持可以减轻自杀风险。

## （一）自杀的风险因素

以下是一些自杀的风险因素：患抑郁症，患重性精神病，男性（男性的成功自杀率为女性的两倍），高龄（年龄越大，风险越高），鳏寡离异或没有伴侣，有酒精滥用问题，曾经有自杀的行为，已有计划自杀的行动，缺乏社交支持，长期患病者（如痛症）（Blumental & Kupfer，1990；Hawton & Catalan，1987；Kreitman & Dyer，1980）。

## （二）自杀风险评量表

下面是自杀风险评量表（SAD PERSONS）的相关要素：性别（Sex），年龄（Age），抑郁症（Depression），自杀记录（Previous Attempt），酗酒记录（Ethanol Abuse），失去理性（Rational Thinking Loss），社交支援（Social Support），计划自杀（Organised Plan），没有伴侣（No Spouse），身体疾病（Sickness）（Patterson et al，1983）。

对有自我伤害或自杀念头的伤员的处理重点如下。

（1）要顾及自身的安全，亦要顾及旁观者的安全。

（2）要留意伤员手上或身上有没有伤害自己或他人的工具（如利器）。

（3）劝说伤员冷静下来并鼓励伤员说出自己的感受。

（4）用心及耐心聆听伤员的感受，不要进行任何批判。

（5）评估伤员自杀的风险（初步的评估已足够，更详细的评估应交由专业人士去处理）。另外，让伤员谈及其自杀的念头不会提高伤员的自杀风险。

（6）要留意伤员的反应，如表情、说话的内容及语调。

（7）若伤员直接说出“我想自杀”或“我走了，请代我照顾我的家人”等话语，代表他真的考虑过自杀，对此绝不能掉以轻心。

（8）将伤员送到医院或叮嘱伤员的亲人将其送到医院或专业人士处做进一步评估及处理。

（9）若伤员行为有所过激，应实时寻求协助。

## 五、情绪失控或有暴力倾向的伤员

在意外发生后，伤员有可能会有愤怒的情绪（如目击其朋友或亲人未能及时被救出现场）。另外，救援者也可能要为有暴力倾向及行为的伤员提供协助。有些伤员可能本身有精神问题或可能服用了酒精或滥用物质，以致情绪失控，出现暴力倾向及行为。

对这类伤员的处理要重点注意以下十个方面。

（1）要顾及自身的安全，亦要顾及旁观者的安全。

（2）在伤员心情未平复时，要和伤员保持一定的距离。

（3）要留意伤员手上或身上有没有伤害自己或他人的工具（如利器）。

（4）劝说伤员冷静下来并鼓励伤员说出自己的感受。

（5）用心及耐心聆听伤员的感受，不要进行任何批判。

（6）说话要缓慢，态度要冷静。

（7）要留意伤员的反应，如表情、说话的内容及语调。

（8）若伤员的行为显示出他很激动，应实时寻求保安、警察等的协助。

（9）将伤员送到医院或叮嘱伤员的亲人将其送到医院或专业人士处做进一步评估及处理。

（10）若发现伤员（如药物滥用者）身边有剩余的药物，可将药物交给医护人员。

## 六、有急性应激反应的伤员

当遇到重大事故时，伤员可能会出现急性应激反应。急性应激反应通常在重大事故发生后的数分钟内开始发病，而病症最多维持两至三天，通常只维持数小时。这类伤员在病症消失后可能会部分忘记或全部忘记发病的经过。伤员会出现意识模糊，对外界事物的接受力减弱，暴躁、活跃或极度焦虑的反应（如心跳加速、冒汗等）。另外，当伤员同时得悉其朋友或亲人在意外中死亡，他可能会表现出震惊及麻木。

对这类伤员的处理重点主要有七个方面。

（1）如果伤员意识模糊或对外界事物的接收力减弱，他对自己的保护能力亦可能减弱。这时，救援者便要留意周遭的环境，以确保伤员的安全。

（2）要保持镇定的态度。

（3）保持友善、关心及诚恳的态度。

（4）用心聆听（非批判性的聆听）。

（5）鼓励伤员说出事件的经过及其感受。

（6）要留意伤员的反应，如表情、说话的内容及语调。

（7）将伤员送到安全的地方，如医院。

## 第五节 如何对幸存者（旁观者）进行心理急救（How to Give Psychological First Aid to the Survivor）

当目睹意外发生或看见朋友或亲人在意外中受伤或死亡，幸存者会有不同的情绪反应。救援者亦要在能力范围内安抚幸存者的情绪。可能出现的情绪反应包括：惶恐、焦虑、忧虑、紧张，情绪低落，内疚、自责，情绪失控、愤怒，震惊、麻木，意识模糊及对外界事物的接收能力减弱，惊恐发作。

对这类人员的处理重点主要有六个方面。

（1）要留意幸存者的安全。

（2）保持镇定的态度。

（3）保持友善、关心及诚恳的态度。

（4）用心聆听（非批判性的聆听）。

（5）鼓励幸存者说出他的感受，并给予安慰。

（6）可参考第四节“如何对伤员进行心理急救”中对各种情绪反应的处理，以应对幸存者的各种情绪反应。

## 第六节　如何对救援者进行心理急救（How to Give Psychological First Aid to the Rescuer）

施救是分秒必争的工作。救援者既要尽快为伤员施救，亦要顾及伤员的心理状况及幸存者的安全。因此，救援者必须保持冷静的头脑及良好的心理状态。另外，救援者应学会正确处理自己的压力。由于工作性质的关系，救援者比一般人有更多的机会目睹意外后的场面。

救援者亦有可能因为目睹意外后的恐怖场面而患上创伤后应激障碍。可能出现的反应包括：情绪反应（困扰、伤心、惊慌、麻木、愤怒、内疚、迷茫），难以入睡，食欲不振，想谈论创伤经历或想保持沉默，有关创伤事件的场面再次浮现或发噩梦等。这些都是常见的反应，但不同人可能有不同的反应。

间接创伤（Indirect Trauma）是指负责协助、接触创伤事件幸存者的人可能会经历间接的创伤。这些间接创伤经历可能是因为接触很多创伤事件幸存者而产生的累积反应。间接创伤事件引致的症状与直接创伤事件的症状相同。协助创伤事件幸存者是很有意义和价值的工作，但要面对人生的不幸及磨难，救援者可能会受到影响，对个人、别人及世界的看法也可能因此而改变。

救援者可以这样帮助自己：承认间接创伤的存在；认识到自己的反应是正常的；关注并照顾自己的身心需要；平衡自己的工作、休息和消遣；充足运动，均衡饮食；与同事联系；根据自己觉得适合的程度，向他人诉说创伤经历；保持工作的意义及希望；寻求工作上或情绪上的帮助；如有需要，懂得说“不”，可暂时放下接触创伤事件幸存者的工作，而去做其他的工作；需要时，寻求专业协助。

对救援者的处理重点主要有九个方面。

（1）在救援过程中要保持镇定，冷静的头脑有助于救援者做出快而准的决定。

（2）若因面对意外后的场面而紧张，可做深呼吸，让自己冷静下来。

（3）在适当的时候要向其他人寻求协助。

（4）若伤员在施救后不幸死亡，不要过分自责，不要对自己要求过高，有些事情尽力即可。

（5）要懂得正确处理压力，掌握身心松弛的技巧。

（6）养成良好的睡眠习惯。

（7）注意均衡饮食。

（8）养成运动的习惯。

（9）救援者要互相鼓励及支持。

（卓瑜）

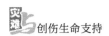

# 第八章 转运及救治危重伤员
# （Transport & Manage Critically Ill Victims）

## 第一节 转运危重伤员（Transport Critically Ill Victims）

### 一、转运医学的定义

安全、有效地运送危重伤员，使其能尽快到达创伤救治中心或医院，使用更好的医疗设备，接受更好的治疗。

### 二、转运方式

转运方式可以根据伤员的伤情、数量、转运距离以及现场环境等因素来确定，做到因地制宜，进行安全、有效的转运。主要有下面四种运转方式。

#### （一）地面转运

地面转运多使用救护车。120指挥中心在接到求救电话后，会立即反应，迅速调度救护车到达创伤现场。目前使用最多、最广泛、最成熟的一种转运方式就是救护车转运。在其他特殊情况下，还会使用火车、客货车、小汽车等地面交通工具，但是地面转运受交通堵塞的影响较大，不太适合远距离的转运。此外，侵占高速公路应急车道、不礼让救护车等现象的客观存在，会严重影响地面转运的安全性和有效性。

#### （二）空中转运

空中转运高效、迅速，适合远距离转运以及现场无法进行地面转运的情况。如汶川地震时，很多山区道路损毁，救护车无法进出，就需要利用直升机来转运。但是空中转运受天气制约明显，恶劣、极端天气会严重影响空中转运的安全性。

### （三）水面转运

水面转运比较适合发生在河边、江边或者海边的人员创伤或者灾难，多使用救护艇，其他常见的转运工具还有轮船、渔船等。

### （四）综合转运

综合转运指的是选择两种或两种以上的转运方式，如空中转运+地面转运，水面转运+地面转运等。由于大多数医院都不具备空中转运降落点，也没有修建在河边、江边或者海边，所以大多数的空中转运和水面转运都会结合地面转运。

## 三、影响转运的因素

### （一）病情变化

对于危重伤员来说，病情变化是影响转运的最主要因素。

### （二）转运团队的知识和技能

一般来说，一个转运团队需要配置3～4人，其中包括1名队长，1～2名救护队员，以及1名司机。转运团队具备的创伤救治和转运的知识和技能，以及团队合作会对转运产生明显影响，如影响转运效率，以及对伤员病情变化的及时处理等。

### （三）救护车设置和设备

救护车的设置要合理，设备要齐全，一般要配备以下五个方面的设备。

（1）移动担架。转运团队要熟练掌握安全操作担架的方法。

（2）无线电话。无线电话可以保证转运团队和指挥中心以及医院的有效联系，提高救治效率和成功率。

（3）呼吸设备，包括氧气装置和转运呼吸机。

（4）急救箱，包括口咽通气管、血容量检测仪、气管插管装置、静脉注射装置、绷带、SAM夹板等。

（5）其他，包括心电图机、除颤仪、脊柱板+颈托、急救药物+止痛气体等。

### （四）其他因素

（1）天气，如雨雪、冰雹、台风等。

（2）路况，如山区道路崎岖、弯多、颠簸等。

（3）空间有限。救护车内的空间相对有限，会影响很多医疗救治操作的正常进行。

（4）光线不足。尤其在夜晚的时候，车内光线不足的情况会更加明显。

（5）噪声。车内以及车外的噪声会影响伤员的心情，也会影响救护人员与伤员之间的交流。

（6）救护车频繁加速和突然刹车。救护车匀速行驶可以减少因惯性因素导致的伤员血流动力学的改变，也有利于救护者的操作。但现实中往往无法避免频繁加速和突然刹车，只能尽力去减少这些情况。

（7）温度、湿度以及气压改变。理想情况下，温度应保持在22～28℃，湿度保持在70%左右，气压应接近标准大气压。尤其是气压的变化会加重胸部创伤伤员的不适，应密切观察并及时处理有创伤性气胸等的伤员。

（8）移动引发疾病。在移动危重伤员时，可能会引发相关疾病的发生，如颈椎的二次损伤等。

（9）伤员的固定。

（10）人力有限和疲劳等。

## 四、转运前准备

### （一）沟通

转运前需要进行有效的沟通：一方面转运团队成员之间要进行沟通，队长快速确定是否具备转运条件；另一方面要向指挥中心做好口头报告，同时联系伤员接收医院。报告的内容主要包括MIVT：受伤机制（Mechanism），受伤情况（Injury），重要生命体征（Vital Signs），已给予的治疗和预计到达时间（Treatment Given & Time of Arrival）。

### （二）书面记录

要做好书面记录，这不仅是院内救治的参考依据，也是法律依据。记录的主要内容包括：转运指令，到达救援现场时伤员的状况和生命体征，以及救护人员对伤员的病情管理等。

### （三）设备

检查仪器设备是否齐全、适用。主要包括以下几方面的仪器和设备。

（1）转运箱/急救包。

（2）监护设备，可以监测心电图（ECG）、呼吸（R）、血压（BP）、血氧饱和度（$SpO_2$），以及呼气末二氧化碳分压（$PetCO_2$）。

（3）支持设备，包括除颤仪、呼吸机、输液泵、氧气瓶（D型，320L，持续30分钟；G型，1400L；K型，3400L）。

（4）药物，包括急救药、镇痛药等。

### （四）评估

#### 1. 初步评估，按ABCDE的顺序进行

（1）A（Airway + Cervical Spine Immobilization）：气道处理 + 固定颈椎。

（2）B（Breathing）：呼吸处理。

（3）C（Circulation + Bleeding Control）：循环处理 + 控制出血。

（4）D（Disability）：评估神经功能缺损。

（5）E（Exposure）：暴露伤员并进行全身快速检查。

#### 2. 快速评估

遵循从头到脚的原则快速进行全身检查。各个部位都应该重点检查相对应的情况：

（1）头部、面颊：有无伤口，是否压痛。

（2）眼、耳、口、鼻：有无伤口，是否压痛，耳、鼻有无脑脊液等异常渗液。

（3）颈部：气管是否居中，颈静脉充盈情况。

（4）胸部：有无伤口，是否压痛，呼吸频率和节律是否异常，有无异常呼吸音，胸廓起伏是否对称，心音是否异常等。

（5）腹部：有无伤口，是否压痛，有无硬实感、皮肤瘀斑等。

（6）盆腔及生殖器官：有无伤口，是否压痛，有无出血。

（7）四肢：有无伤口，是否压痛，有无畸形、骨折，以及动脉搏动、甲床充盈和皮肤温度等情况。

（8）背部：有无伤口，是否压痛，有无脊柱损伤。

**3. 决策**

确定是否可以立即转运，队长负责下达指令。

**4. 装载和出发**

下达转运指令后，快速装载并出发。

## 五、途中评估

### （一）再次检查

**1. 病史（SAMPLE）**

（1）S = 体征与症状：危重伤员受伤的情况。

（2）A = 过敏史：确定伤员是否对某种药物过敏或有其他不良反应。

（3）M = 用药史：确定伤员是否正在服用药物，以了解其潜伏或已存在的疾病。

（4）P = 既往史/孕产史：已存在的疾病可以增加伤员的易感性，如哮喘、慢性阻塞性肺病、冠状动脉疾病等。对女性伤员的孕产史也要做一定的了解。

（5）L = 最后一次进食，最后一次破伤风针，最后一次经期等。行气管插管前要了解伤员什么时候进食了最后一餐，以防止其呕吐或者误吸。有开放性伤口的伤员，要询问最后是否注射破伤风抗毒素，这个至关重要。对女性伤员，要了解最后一次经期。

（6）E＝事件：这次创伤或者灾难是由什么事件引起的。

**2. 生命体征**

生命体征包括脉搏、血压、呼吸、体温等。

**3. 气道、呼吸、循环（ABC）＋格拉斯哥昏迷量表（GCS）＋全身检查**

按照规范再次对伤员进行各项检查。

**4. 报告内容（MIVT）**

报告内容有：受伤机制（Mechanism），受伤情况（Injury），重要生命体征（Vital Signs），已给予的治疗和预计到达时间（Treatment Given & Time of Arrival）。

### （二）持续评估

气道、呼吸、循环（ABC）＋每5～15分钟全身检查。

## 六、途中的干预

### （一）严密观察，识别病情是否恶化，及时处理险情

（1）气道是否阻塞，氧饱和度是否降低。

（2）有无呼吸窘迫、呼吸骤停。

（3）是否出现低血压、严重出血以及休克的表现。

（4）有无心律失常。

（5）是否出现昏迷、癫痫或颅内压增高。

（6）有无体温过低。

### （二）若出现仪器事故，应及时处理

（1）出现气管插管导管移位：立即调整导管位置，或者重新进行气管插管。

（2）供氧失败：检查环路是否断开，氧气瓶开关是否打开，压力是否正常。

（3）呼吸机故障：立即用球囊辅助呼吸。

（4）心电监护仪故障：使用便携式指脉氧监测仪或者人工判断。

（5）输液泵故障：更换备用输液泵或者输液加压器。

（6）设备连接不稳：重新连接。

（7）仪器准备不足：用其他方法代替。

### （三）若出现系统事件，则较难干预

（1）联系中断：尽快尝试再次联系。

（2）环境限制：尽力保证伤员以及自身安全。

## 第二节　救治危重伤员（Manage Critically Ill Victims）

2015年美国心脏协会（American Heart Association，AHA）发布的《心肺复苏及心血管急救指南更新》（简称《指南更新》）将心脏骤停生存链分为两链，一链为院内救治体系，另一链为院外救治体系。详见图8.1。

图8.1　2015美国心脏协会院内与院外心脏骤停生存链

### 一、院外心肺复苏

院外心肺复苏（Cardiopulmonary Rescuscitation in Community）主要包括五个环节：识别和启动应急反应系统，即时高质量心肺复苏（通常是基础生命支

持），快速除颤，基础和高级急救医疗服务，高级生命支持和复苏后处理。下面分基础生命支持（Basic Life Support，BLS）和高级生命支持（Advanced Life Support，ACLS）两部分进行讲解。

### （一）基础生命支持

基础生命支持主要包括徒手心肺复苏术（CPR）和电除颤（如AED）。

（1）气道（A）：开放气道，主要是指用手法开放气道，包括仰头抬颏法、双手托颌法等。

（2）呼吸（B）：指的是人工呼吸，可以分为口对口、口对鼻或者口对口鼻人工呼吸，也可以用球囊面罩来代替。

（3）循环（C）：指的是胸外心脏按压。

（4）除颤（D）：指的是电除颤，院前最常用的是自动体外除颤仪（AED）。

（5）《指南更新》中指出，关于基础生命支持的更新要特别注意以下五点。

①按压深度。成人5～6cm，儿童为5cm，婴儿为4cm。《指南更新》在建议成人按压深度至少5cm的同时，加入了新的证据，表明按压深度可能应有上限（6cm），超过此深度可能会造成损伤。

②按压频率。不论成人、儿童，还是婴儿（不包括新生儿，下同），都建议以100～120次/分的速度匀速进行，也就是要在15～18秒完成30次胸外心脏按压。《指南更新》建议最低的按压频率仍是100次/分，设定的上限是120次/分。设立上限是因为一项大型的注册系列研究表明，当速率超过120次/分时，按压深度会由于剂量依存的原理而减少。

③按压和呼吸比。单人心肺复苏时，不论成人、儿童还是婴儿，均为30：2；双人心肺复苏时，成人为30：2，儿童和婴儿为15：2。

④胸廓回弹。救援者应避免在按压间隙倚靠在伤员胸上，以便每次按压后胸廓充分回弹。

⑤先给予电击，还是先进行心肺复苏。对于目击的心脏骤停，当可以取得AED时，应尽快进行电除颤。若成人在未受监控的情况下发生心脏骤停，或不能

立即取得AED，应在取得AED之前先进行心肺复苏。视伤员情况，在设备可供使用后，尽快尝试电除颤。《指南更新》指出，有很多研究对比了在电击前先进行特定时长的胸外心脏按压和AED准备就绪后尽快进行电击两种情况，两种情况的伤员预后没有出现差别。

（6）2015年美国心脏协会发布了心肺复苏的具体操作流程，参考图8.2。

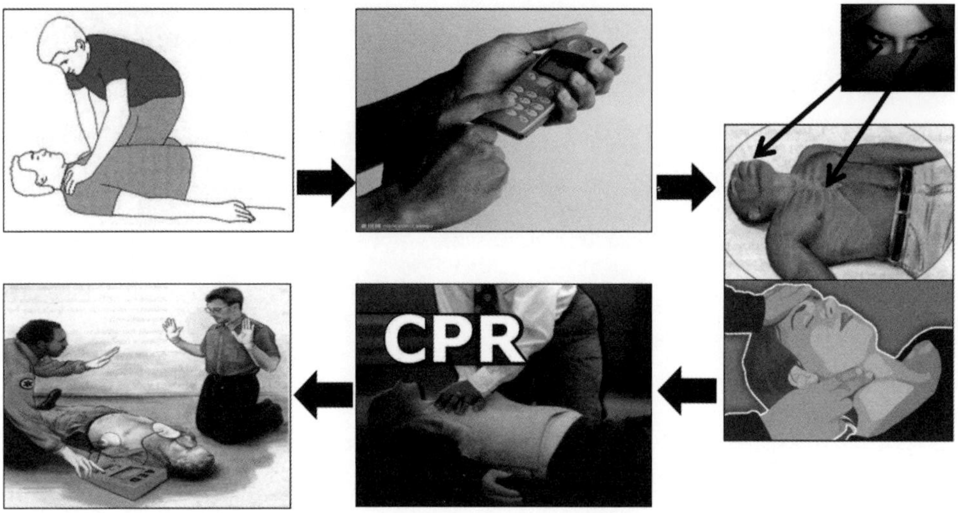


图8.2　2015年美国心脏协会发布的心肺复苏操作流程

## （二）高级生命支持

### 1. 处理原则

（1）气道（A）：主要指建立高级人工气道，如进行气管插管、安置喉罩气道等。

（2）呼吸（B）：经高级人工气道进行呼吸，如将气管内插管（Endotracheal Tube，ETT）接球囊通气或接呼吸机等。

（3）循环（C）：建立静脉通道及给药。

（4）鉴别诊断（D）：识别心脏骤停原因。

### 2. 心脏骤停与常见心律失常

心律失常（Cardiac Arrhythmia）是心血管疾病中重要的一组疾病。它可单独发病，亦可与其他心血管病伴发。心律失常的临床表现取决于节律和频率异常对血流动力学的影响，轻者出现心悸和运动耐量降低，重者可诱发或加重心功能不全，心脏骤停者可引起昏厥或心脏性猝死。心律失常的常见种类有室颤（VF）、无脉性室速（VT）、无脉性电活动（PEA）、心脏停搏（Asystole）。

**3. 导致心脏骤停的常见原因和处理方法（5H & 5T）**

（1）缺氧（Hypoxia）：给予高浓度吸氧。

（2）低血容量（Hypovolaemia）：输液治疗，快速补充血容量。

（3）酸中毒（Hydrogenions）：静脉滴注5%碳酸氢钠，改善通气。

（4）低钾/高钾血症（Hypokalaemia/Hyperkalemia）：低钾血症者，要及时补钾；高钾血症者，可给予10%葡萄糖酸钙静脉缓推，胰岛素加50%葡萄糖溶液静脉泵入，5%碳酸氢钠快速静脉滴注等。

（5）低体温（Hypothermia）：给予棉被等保暖。

（6）中毒或者药物过量（Toxins）：给予气道、呼吸、循环（ABC）支持，给予解毒剂。

（7）心包填塞（Cardiac Tamponade）：在超声引导下进行心包穿刺引流。

（8）张力性气胸（Tension Pneumonia）：紧急穿刺排气减压。

（9）心血栓形成（急性心梗）（Thrombosis-Cardiac）：可经皮冠状动脉介入治疗（PCI）或者溶栓治疗。

（10）肺血栓形成（肺栓塞）（Thrombosis-Pulmonary）：溶栓治疗。

**4. 心脏骤停的处理方法（见表8.1）**

心脏骤停的处理方法见表8.1。

**表8.1 心脏骤停的处理方法**

| 心律失常的常见种类 | 处理 |
|---|---|
| 室颤（VF） | CPR、除颤、高级气道、静脉通道<br>强心药：肾上腺素1mg i.v.（每3～5分）<br>抗心律失常药：胺碘酮150～300mg i.v.<br>找出并处理5H & 5T原因 |
| 无脉性室速（VT） | CPR、除颤、高级气道、静脉通道<br>强心药：肾上腺素1mg i.v.（每3～5分）<br>抗心律失常药：胺碘酮150～300mg i.v.<br>找出并处理5H & 5T原因 |

续表8.1

| 心律失常的常见种类 | 处理 |
|---|---|
| 无脉电活动（PEA） | CPR、高级气道、静脉通道<br>强心药：肾上腺素1mg i.v.（每3～5分）<br>找出并处理5H & 5T原因 |
| 心脏停搏（Asystole） | CPR、高级气道、静脉通道<br>强心药：肾上腺素1mg i.v.（每3～5分）<br>找出并处理5H & 5T原因 |

### 5. 其他心律失常的处理方法

其他心律失常的处理方法见表8.2。

表8.2　其他心律失常的处理方法

| 其他心律失常 | 处理 |
|---|---|
| 心动过缓（血压低） | 静脉通道、吸氧、心电监护<br>阿托品0.5mg静脉注射（最高可给6个推剂）<br>经皮起搏TCP（速率为70bpm，电压从40mA往上加）<br>多巴胺或者肾上腺素稀释液静脉泵入 |
| 不稳定性心动过速（血压低） | 静脉通道、吸氧、心电监护<br>适当给予镇静药物<br>电复律100J→120J→150J→170J→200J |
| 稳定性心动过速（血压正常） | 静脉通道、吸氧、心电监护<br>分析12导联ECG以确定心动过速类型<br>①心房扑动/心房颤动：先控制心率——β受体阻滞剂，如美托洛尔5mg静脉泵入；钙通道阻滞剂，如地尔硫卓15mg稀释后静脉缓推等。后控制节律——胺碘酮150mg静脉缓推或滴注。<br>②室上性心动过速：ATP 10mg→20mg→20mg i.v.<br>③有脉室速：胺碘酮150mg i.v. |

## 二、院内心肺复苏

院内心肺复苏（Cardiopulmonary Resuscitation in Hospital）与院外心肺复苏的抢救原则（见图8.1）基本上是一样的，只是院内心肺复苏更强调监测和预防心脏骤停的发生。

（张钟满）

# 第九章　灾难救援——从汶川到尼泊尔（Disaster Rescue Experience—From Wenchuan to Nepal）

## 第一节　地震灾难的异同（Differences in Earthquake）

2008年5月12日14时28分04秒，位于龙门山地震带的四川汶川、北川发生里氏8.0级地震，破坏性强，波及范围广，伤亡人数多。

2015年4月25日14时11分，位于喜马拉雅地震带的尼泊尔博克拉市（北纬28.2度，东经84.7度）发生里氏8.1级地震。震中附近为山地破碎地形，滑坡等次生灾难发生风险极高。震区建筑物抗震性能很差，损失严重。此外，尼泊尔的大量文化古迹被损毁，损失难以估量。据报道，截至2015年5月12日遇难超过8200人。中国西藏地区震感强烈。

两地位于亚欧板块、太平洋板块、印度洋板块之间，同处世界上地震火山分布最广、最活跃的环太平洋地震带，因此地震活跃，且破坏力巨大。两地地震发生时间相似，均为工作时间。两次地震都发生在山区，给救援工作带来难度；两次地震震源深度均浅，破坏力均巨大；由于地震烈度、现场地形以及人工建筑的特点等原因，两次地震均造成了严重的人员伤亡、财产损失和环境破坏。

## 第二节　地震医学救援的进步（Improvement of Medical Rescue in Earthquake）

汶川地震的发生给当时的医学应急救援体系带来了严峻考验。在2008年汶川地震之前，我国应急医学救援方面的实践和研究非常有限，相关的文献检索就可以说明该现象。在汶川地震发生后，产生了很多值得反思的问题。这些年来，在反思和总结汶川地震救援经验的基础上，国内灾难医学救援得到了突飞猛进的发展。在汶川地震应急物资投入方面，各方反应十分迅速。震后半小时，国家、省指挥机构均启动一级响应，70%以上重灾区市、县级医疗机构派出医疗队，85%以上重灾区县级医疗机构开始收治伤员。震后1小时，省急救中心第一支医疗队赶赴灾区；12小时内，96支省内医疗队赶赴灾区；震后24小时内，已有474支省内外医疗队进入灾区。虽然在一定时间里救援队伍数量持续增加，但真正具有规模和高能力的救援队伍却比较有限。这种单纯的救援队伍在短期内的数量增加，反映出了指挥不力、队伍建设不足等问题。且因为当时应急救援建设的不充分，很多救援队伍缺乏足够的专业装备以满足救援需求，这在一定程度上导致对灾难现场的救援效率不高。但依靠于强大的国家动员以及区域性大型医疗中心的医疗技术力量，汶川地震医学救援仍然取得了不小的成绩。在汶川地震救援中，开始大量使用固定翼飞机或直升机进行救援队伍和物资的投送以及伤病员的转运，为后续救援积累了宝贵经验。大量的有关于灾难医学救援管理、实践、预案建设等方面的研究不断产生，经过总结与提升，国内的灾难医学救援水平不断提高。国家也先后投入大量财政经费在国内多地建立起国家级的卫生应急救援队，以承担区域性或国际性灾难医学救援工作，例如四川省（国家）卫生应急救援队就在这种背景下组建，并在尼泊尔地震救援中发挥了巨大作用。

尼泊尔地震救援是我国参与的众多灾难海外医学救援任务之一。在以往的海外救援任务中，我国通常派出的是中国国家地震灾难紧急救援队（对外称“中国国际救援队”）。但与以往不同，这次尼泊尔地震发生后国务院首先派出的是四川省（国家）卫生应急救援队代表中国参加本次海外救援任务。这样安排的主要原因在于四川省（国家）卫生应急救援队是以高原地震救援为主要任务目标而建设的救援队伍，且四川省相对临近尼泊尔，交通便利，能够快速反应。与汶川地震救援不同，本次海外救援，我国很有秩序和计划地派出救援队，同时每支救援队均携带了包括急救装备、检验设备、生活物资等在内的物资，且物资准备模块化、高效，这也充分体现了汶川地震以来，我国在灾难医学救援建设方面的成果。

# 第三节 海外灾难救援的反思（Reflection on Overseas Rescue）

## 一、海外灾难救援定位

在国内，在各医院进行灾难医学救援时，通常采取“以我为主”的救援策略，特别是区域性大型医院。因为区域性大型医院长期以来建立的技术优势和学术影响，受灾区域也乐于接受由区域性大型医院组建的救援队伍全方位的救助。同时，当地医疗机构会非常愿意提供尽可能充分的支持。而在海外救援时，由于国情和文化的差异，各救援队首先必须要尊重受灾国主权，必须尊重当地救援需求，通常需要在获得批准的情况下才能开始特定的救援任务。因此国内救援可能采取依托当地医院扩大救援能力的方式，而在海外救援时更多会选择建设帐篷医院的形式，与当地建立合作关系，配合当地救援队工作。

## 二、救援队员的遴选

因为海外救援的特殊性，在遴选执行海外灾难救援任务的队员时，应选择思想好、技术好、身体好、沟通好、仪表好的“五好”高素质队员。在专业技术方面，需要专业覆盖面广，外科、内科、康复、妇科、护理、心理等不同专业按照一定比例搭配，从而实现高效救治、维护国家形象、展示国际风采的目标。

## 三、不容忽视的问题

### （一）语言问题

在尼泊尔地震海外救援任务中，语言问题是救援中的一大障碍，因为当地尼泊尔居民多数未接受外语教育，仅能使用尼泊尔语进行交流。所以事先了解受灾地区情况，配备翻译人员对于救援工作将有极大帮助。尼泊尔地震海外救援时，当地曾留学中国的医学志愿者充当了翻译。救援队员用英语与志愿者交流，志愿者再用尼泊尔语转述给伤病员，帮助解决了沟通困难。救援队员还在志愿者的帮助下将药品说明书翻译为英语和尼泊尔语，以便为伤病员做好用药指导。

### （二）救援队员的心理问题

救援队员的心理问题也是海外灾难救援中十分重要的问题。与一般的灾难救援任务不同，救援队员需要持续面对生离死别等负性刺激，同时因为远离家乡，任务压力大，海外救援队员常常需要承受很大的心理压力，因此队员的心理疏导就显得极为重要。在这次尼泊尔救援中，专门随队配备了心理救援专家，除了对灾民实施心理救治外，还对救援队员进行集体心理疏导，从而舒缓压力，保持救援队员的身心健康，保障救援的顺利进行。

（叶磊）

# 第十章　如何建立院内医疗应对系统
# （Developing an Intra-Hospital Medical Response System）

大规模群体创伤事件发生后，大量创伤伤员会在短时间内有序或无序地涌向医疗机构。由于无法满足大量迅速增加的医疗需求，中华医学会急诊分会灾难医学组于2016年在《中华急诊医学杂志》上发表了《大规模伤害事件时医院伤患激增应对能力的专家共识》一文，该文为大规模伤害事件情况下的医疗机构伤患激增应对能力提供了框架性指导意见。大规模群体创伤事件是指突发公共事件中的自然灾难、人为事故以及社会安全事件中常常出现的突发事件。此类事件中大量伤员的救治与常态下的救治相比，需要有更明确的管理与协作的流程，因此探讨大规模群体创伤事件在紧急医学救治机构的院内救治流程可为此类事件的院内管理与多科协作提供参考意见。本章结合国内外医院应对大型灾难事故的经验和研究，并根据我国具体情况，形成专家共识，以期为《大规模伤害事件时医院伤患激增应对能力的专家共识》中的指导意见做进一步的补充。

## 第一节　大规模群体创伤事件发生前的准备
## （Preparedness Before Trauma Occurrence in Large Population）

医院的各医疗机构应做好建设紧急医学救援机构的准备工作，医院内伤员激增应对能力的提升对于大规模群体创伤事件的成功救治至关重要。医院伤员激增应对能力（Hospital Surge Capacity）是指在大规模伤害事件（如自然灾难、大型事故、恐怖袭击或其他突发公共卫生事件）发生后，单个医疗机构需要迅速收治大量伤员，从而满足迅速增加的医疗需求的综合能力。有效的医院伤员激增应对方案有助于提高区域内发生大规模伤害事件后的总体医学应对效率，改善数量激增的伤员的预后，避免造成更严重的后果。因此建议医疗机构需要在应急准备、指挥机构、应对措施与方案、人员调配、物资配备以及医院环境管理等方面提升医院伤员激增应对能力。

医疗机构应根据当地具体情况，对医院规模和基础设施进行合理规划，并积极提高医疗技术水平，以应对无法预知的突发公共事件。大规模群体创伤事件无法事先预料，发生后要求迅速集中收治，因此在医院的基础设施建设上需要做事先的考虑，如在非医疗区域设置供氧供电条带，并进行日常维护，这有利于大规模群体创伤事件发生时的床位扩展。

各级医疗机构应在日常完成与当地实际情况相符的大规模群体创伤事件的风险评估和脆弱性评估，以发现潜在的紧急情况，并估计其严重程度和影响后在日常情况下进行预案演练，这有助于有序应对此类事件。

## 第二节　大规模群体创伤事件发生时医院的功能定位（Function of Hospital Position Before Trauma Occurrence in Large Population）

大规模群体创伤事件发生时，各级医疗机构应根据医疗行政部门的意见，明确本医院的定位。在大规模群体创伤事件的救治中，基于“集中患者、集中专家、集中资源、集中救治”的四个集中原则，医疗行政部门将会根据医院综合实力、医院距离远近以及医院的损失情况对各级医院进行初步评估，以便制订合理的伤员转诊方案以及集中收治方案。各级医疗机构需要明确大规模群体创伤事件发生时本医疗机构的定位，明确本医疗机构到底是集中收治点、前方医院还是后方医院。在群体伤员救治过程中，应将危重伤员在统一指挥下有序地转运到高水平的距离较近的医疗单位，使他们能够得到相对优质的医疗资源，同时减轻灾区医院的负担，从总体上降低群体伤员中危重者的死亡率和致残率。具体需要做到以下几点。

（1）各级医疗机构要对收治的各级伤员逐一进行疏理，进行分级统计管理。

（2）对重症伤员治疗实行将伤员集中到专家集中的优质医疗资源的医疗机构的措施，以最大限度地降低死亡率和致残率。

（3）科学拟定详细的危重伤员转运计划，分期转院。

（4）充分发挥专家的作用，加强以急诊医学、创伤外科和重症医学等学科为主的医疗人力与物资资源建设，必要时整合区域外医疗队的集体力量介入，尽最大可能集中优势卫生资源。

大规模群体创伤事件发生时，各级医疗机构应基于医院定位制定本机构的治疗目标。集中收治点为灾难现场尚有急救功能的医疗机构，其治疗目标是批量伤员的检伤分类、简单创伤伤员的初步救治及危重伤员的病情控制和转诊方案制订。

前方医院为离灾难现场较近且灾后仍保持基本救治能力的医院。其主要任务为二次检伤，并且紧急处理危及伤员性命的损伤，如急诊开胸或开腹的止血手术、开颅减压、开放性伤口处理、骨筋膜室综合征的紧急处理和生命支持技术等。

后方医院为区域内大型综合性医院，有较高的危重症抢救能力，同时医院在大型灾难中基本未受到损害，有基本的安全保证。建设后方定点医院应该作为应急准备中一项常态机制得到重视。在一定的区域内（以省级或多省区域为单位），平时的应急准备中应事先划定集中收治医院作为战略中心，在物资、设备储备、专家网络建设、建筑物建设、后勤保障设施等诸多方面给予政策与经费倾斜，并在医院内制定集中收治预案。当大型突发事件发生时，可以随时启动预案，快速响应。

医疗机构应在大规模群体创伤事件发生时立即成立领导小组，根据医院定位对医疗行为进行具体指挥。为有效应对大规模伤害事件发生后的伤患激增，医院应成立独立的部门以便协调和管理多方资源。建议各级医院成立“应急办公室”，协调多方资源，包括设备、设施、医务人员、药剂科、各个实验室和检查室等。应急办公室应有明确的成员名单、岗位说明（如主任、秘书等）、岗位职责、定期的例会机制，以及明确的事件报告流程。在大规模群体创伤事件发生时，该部门牵头成立医疗机构的领导指挥小组，总体协调伤患激增时的院内医疗资源，并进行内外部的资源整合与沟通。

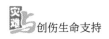

## 第三节　大规模群体创伤事件的院内检伤分类
## （Triage in Hospital After Trauma Occurrence in Large Population）

各级医疗机构应在医院内设置群体创伤伤员的检伤分类场所。大量伤员涌入时，各级医疗机构宜立即在医院内设置检伤分类场所，对大量伤员进行伤情初步判断，决定处理的先后顺序，制定分流决策。根据既往的救援经验，在不影响交通的前提下，检伤分类场所宜设置在急诊科门外的空地或广场，场所具体大小没有规定，也没有标准可以借鉴，需要视情况而定，因地制宜。

大规模群体创伤事件院内检伤分类包括二次捡伤分类、三次检伤分类和反向检伤分类。其中，二次检伤分类可在院前与院内进行，主要是评估初次检伤分类后伤员的病情变化情况，进一步进行分类，制定救治优先级别的决策，常用的方法是较为简单的创伤评分方案，如RTS评分、CRAMS评分等。三次检伤分类的目的是针对各类伤员做进一步决策，如是否进入ICU、是否紧急手术等，常用的方法是较为复杂的评分方案，如ISS评分、SOFA评分以及APACHE评分等。在非战争情况下，反向检伤分类主要是指各个医疗机构对住院病人进行病情评估，筛选较为稳定的病人回到社区或回家休养，待突发事件处置完毕后再返回医院进行处置。

## 第四节　大规模群体创伤事件的资源调配方案
## （Resource Allocation Plan After Trauma Occurrence in Large Population）

备灾阶段，各医疗机构需要建立紧急医学救援物资储备池和紧急医学救援人员储备池。在现行体制下，大量存储应急物资可能存在实际困难，医院可以采取建立紧急医学救援物资资源池的方案，如与医疗物资供应厂家签订快速供应协议，在需求激增时通过紧急购置方案进行物资补充。但目前尚无针对医院物资储存量的统一标准，应根据当地灾难发生的风险和范围进行具体分析。对于昂贵的设备，在大规模伤害事件时可能需要考虑其在整个地区的总体平衡。与周边医院和/或社区医疗卫生机构合作有助于设备资源共享，对于大规模伤员救治可能是有益的。实验室的设备和耗材也需要考虑在供应决策中。

对于群体创伤情况下医院人力资源缺乏的状况，医院管理者应启动紧急人员调集机制，此机制应包括紧急人员调集方案启动的流程与责任人，以及采用的预估方案工作量——需要多少人员，以及何种专业的人员。日常建立人员池方案，人员池包括本医院职工、日常已建立联系的院外专家，并搜集好准确的联系方式以供随时调遣。人员池方案还包括“人员培训专业模块方案”，即对本医院职工进行专项培训，形成有不同专业方向的专科人才；在专家组中也应将专家进行分类，针对不同的事件建立不同的专家模块。

在备灾阶段，各医疗机构需要建立专家咨询体系。灾难发生前，建立三级专家咨询体系，包括专家顾问组、国家和部省联合专家组、院内专家组，采取专家驻院、分工负责的方法，充分发挥专家作用，提高救治效果。同时应根据治疗进展情况，及时调整专家组专业结构，形成包含重症医学科、急诊科以及各个外科等多学科的紧急医学救援专家库。

## 第五节 大规模群体创伤事件中创伤伤员的救治流程（The Process of Treating the Wounded After Trauma Occurrence in Large Population）

大规模群体创伤事件发生时，医疗机构应集中相关专业专家对伤员情况进行快速评估，制定治疗决策。灾难发生后，卫生行政部门按照四个集中原则，根据大型灾难救援的需要，选择相应的专家并进行集中。专家主要是到定点的后方医院集中，如有需要可通过指挥机构的安排到前方医院进行指导。此时各级医疗机构应积极配合专家工作，并可组织相关专业的本医疗机构的专家进行对接，根据实际情况共同制定救治决策。

各集中的定点收治医院应高度重视危重伤员工作。建议各医疗机构成立由院领导担任组长的救治组，充实重症监护室以及所有相关临床和辅助科室等的力量和床位，调配设备、药品、器械，保障救治工作顺利进行。

救治时期应打破科室建制，实行集中监护治疗。同时与支持专家密切配合，采取组建治疗小组、多学科联合查房、复杂伤员重点讨论、实时优化治疗方案等措施救治危重伤员，严格遵循制度进行管理，实行24小时监护和管理。

大规模群体创伤事件发生时，医疗机构应制定和规范操作性强的各种创伤的紧急处置流程。根据伤员情况、灾难情况和医疗资源情况，各个医疗机构须制定危重伤员救治系列措施和规范，保障危重伤员登记、治疗、转院等工作有序进行。明确伤员的医疗原则：与日常状态不同，在医疗资源不足的情况下，只能保证尽量多的伤员得到最大限度的医疗救治，最大限度地降低死亡率。

规范救治流程的主要目的是明确某一类伤员在本医疗机构的检查与诊断目标，使整个流程具有可操作性，各个医疗机构应根据实际情况安排相关流程。

（胡海）

# 第十一章　如何开展备灾培训项目
## ——以“灾难创伤以及生命支持DTLS”项目为例
## （Developing a Disaster Preparedness Training Programme —Take the “Disaster & Trauma Life Support, DTLS” as an Example）

## 第一节　项目背景（Project Background）

2013年秋，四川大学-香港理工大学灾后重建与管理学院灾难医学科学系（Department of Disaster Medicine and Science）灾难护理研究生课程首期教学开班。目前，这是国内唯一以灾难为研究方向的护理研究生课程。在该灾难护理研究生两年12门课程中，以能力为本的灾难创伤生命救援（Disaster & Trauma Life Support，DTLS）这门课程的具体教学目标是通过对灾难应急救援的管理理论和各种技能的学习，全面提升护理研究生的灾难备灾、应灾救援专业能力。负责本课程教学的是香港理工大学具有二十多年ICU工作医疗救援实践经验的陈永强博士带领的教师团队。本门课程在前期教材开发中，融汇了国际最新的医学救援知识，同时课程强调动手能力、小班教学和团队协同。2013级和2015级的五十多名研究生学习了该课程后效果十分突出，他们对课程给出了一致好评。因此，学院以该课程内容为核心建立了专门的备灾培训项目，项目名称为“灾难创伤以及生命支持DTLS”。

## 第二节　项目准备（Project Preparation）

目前，国内缺乏类似的系统化与高质量的灾难创伤生命救援技能的培训课程。在为备灾培训项目做准备之前，要先解决一些问题。首先，课程开发须明确

DTLS备灾培训项目的目标——成为提升临床护士灾难应对核心知识和技能的精品课程，其长远目标是争取成为国内领先和国际一流的课程。其次，需要有针对性地开发和编写DTLS培训课程的内容，成立专门的导师师资团队并进行导师培训。学院很快成立了由灾难医学科学系系主任李浩任为负责人且系工作人员鄢婷婷和刘代骏老师参与的项目工作组，开始进行准备工作，如提前向四川大学继续教育管理学院提出招生计划、对接国家级培训项目和资金预算的申请等。项目工作组主要开展了以下三个方面的具体工作。

## 一、培训需求调查

2016年1月18日至27日，项目工作组通过微信平台向全国临床医护人员发放网络问卷，共完成有效问卷调查1033份。其中，护士921名，占89.16%。约93%的被调查者认为开展该类培训课程对工作有帮助，约99%的被调查者表示愿意参加此类培训课程。

## 二、课程内容与教学形式

培训课程内容主要包括理论和实践操作两个方面。

（1）理论：①灾难和创伤的原则；②灾难的类型；③医疗应对；④公共卫生突发事件应对；⑤危险品管理；⑥气道管理；⑦休克管理；⑧现场评估。

（2）实践操作：①检伤分类；②事故指挥系统；③成人CPR和AED；④婴儿CPR；⑤创伤基本技能；⑥绷带和夹板；⑦紧急解救；⑧头盔移除；⑨穿和脱防护服（PPEs）；⑩困难气道管理；⑪伤口缝合；⑫创伤治疗；⑬创伤评估和脊柱固定；⑭使用救护车转运与管理危重伤员。

课程内容丰富、新颖且全面，不仅讲授最新美国国家救护学院（NAEMT）标准，还设计各种灾难中常用的案例实践活动。以院前创伤生命急救技能（PHTLS）为基础，采用微课程的小班教学形式（导师和学生比例1：6），将理论和实践操作时间分配为5：5，目的是突出系统性和实操性强的特点，在短时间内给培训学员真实的学习体验，高效率地全面提升培训学员的灾难创伤救援能力。

### 三、师资团队

在学院和灾难医学科学系的共同支持下，2015年年底项目工作组成功举办了一次针对12名导师所组成的团队的教学能力认证培训。学院聘请了联合海外办学项目中香港理工大学的灾难创伤硕士课程的老师陈永强（Dr. David Chan）博士、四川大学华西医院急诊科胡海医师和叶磊科护士长共同担任项目主任导师，四川大学华西医院急诊科曹钰主任教授担任顾问，还安排了学院灾难护理班毕业和在读的12名研究生作为导师一同参与课程内容开发。学员参与学习和教学演练，并在结束后通过考评导师认证，获得了DTLS培训项目的主任导师和导师合格证书。

## 第三节　项目实施（Project Implementation）

在通过四川大学继续教育学院审批后，项目开始实施。2016年和2017年学院都开展了培训，进行了招生报名宣传和广告策划。报名人数超过了实际能够参与培训班的学员人数，因报名标准要求，最终参与学习的学员每期不超过24名。学员来自全国各地的多家知名医院，包括首都医科大学护理学院、澳门仁伯爵医院、天津泰达医院、广州中山一院和四川大学华西医院等。

学院灾难医学科学系的灾难护理实验室购置了国内一流水平的设备仪器，可很好地满足灾难护理的教学和科研需要。这些设备中有不少达到目前国内领先水平，主要有以下4大类。

（1）无线模拟人：挪威Laerdal 3G SimMan成人型号212-00050，婴儿型号245-05050＋210-09133。

（2）模拟人声像系统：型号210-08033。该产品能够使用有效的评估系统，使SimMan和SimBaby用户能够轻松地捕捉模拟画面、声音，记录数据以及进行病人监护。

（3）心肺复苏系统，包含电击器及心电图监视系统：型号200-05050＋200-30026。该产品是目前美国心脏协会指定用于标准CPR-D训练的产品，操作人员可在电脑报告仪上实时监测并记录、统计、评估心肺复苏标准化操作流程。

（4）全套高级身体检查及评估套件：型号为300-05050（男2个）＋325-

05050（女2个）+200-30026。创伤救治训练模块用到的该模型是一个高级护理模型，具有逼真的关节，学员可对大腿上部的逼真关节进行适当的定位。套件使用了生命SimPad体征模拟器，赋予了静态的模型以生命，使其成为一个可以互动、有生命体征的模拟人。

此外，还有其他各种急救教学设备：检伤分类卡片，成人CPR模型，儿童CPR模型，成人人工通气面罩及球囊，婴儿人工通气面罩及球囊，AED，颈托，脊柱板，头部固定器，KED，防护服，防护手套，防护面罩，防护靴子，护目镜，救援包，急救推车，气道管理模型，张力性气胸模型，环甲膜穿刺模型，多创伤模型，合包，骨髓穿刺模型，摩托车头盔，骨盆吊带，喉罩气道，插管导丝，气管插管导管，牙垫，心电监护模拟器，床单卷，听诊器，瞳孔笔，头灯，三角巾，弹力绷带，口咽通气管，鼻咽通气管，食管–气管联合导管，喉镜，止血带，心电监护仪，对讲机，救护车模型，铲式担架，氧气面罩，气胸密封敷料，SKED担架，SAM夹板，其他各种夹板（5种），等等。

总之，灾难护理实验室拥有教学和培训所需的最佳的设备器材和场地，切实确保了项目的顺利实施。

每次培训课程的参训学员在报到时，均被要求完成一套多选测试题，其目的是对参加培训学员的知识和技能有一个初步了解并将其作为结业时的对比参考。此外，在培训教学课中，学院制定了严格的导师和学员考勤管理制度，若有学员无故旷课一次，则取消考试资格，不予培训结业。

## 第四节　项目总结（Project Summary）

DTLS是以短期灾难创伤生命救援能力提升为目的的课程，不仅能更新和增加学员的创伤救援理论知识，而且能切实提高学员的创伤生命救援的专业技能。DTLS课程填补了灾难护理备灾和救援专业人才继续教育培训的空白，获得了广泛好评，值得进一步推广。

（李浩）

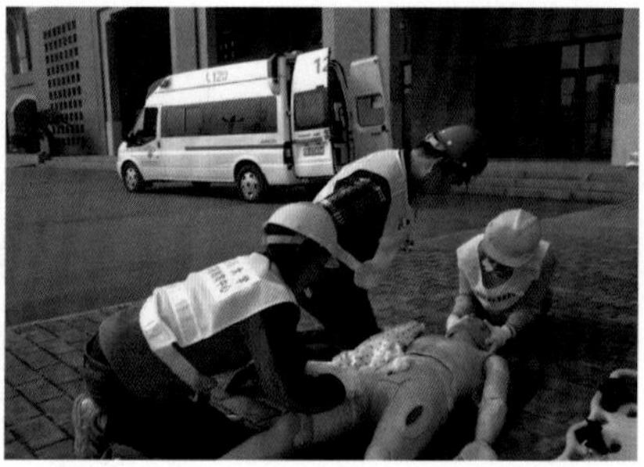

# 下　篇

# 第一章　分诊（Triage）

| | |
|---|---|
| 培训目标 | 通过对分诊教学内容和方法的学习，培养学员在灾难发生时对各种不同伤员伤情的准确且及时分类诊断的能力。 |
| 培训要求 | （1）时长45分钟。<br>（2）1名导师和6名学员。 |
| 培训准备 | （1）安排15名模拟伤员或15具模拟人（贴上个案数据）放在现场各个角落。<br>（2）把现场灯光调暗。<br>（3）准备足够数量的4色分诊牌——红、黄、绿、黑。<br>（4）定时器。 |
| 培训步骤 | （1）将6名学员分为A、B两组，每3人为一组。<br>（2）当A组进行分诊练习时，B组准备。<br>（3）指导学员先穿上救援装备，同时准备救援物资（如急救包、脊柱板等）。<br>（4）提供灾难案例，让学员进入灾场练习分诊，学员按伤员情况把分诊牌挂在模拟伤员身上以示分诊。<br>（5）导师开始计时，学员5分钟内完成对所有“伤员”的分诊。<br>（6）检查学员能否在限定时间找出全部15位伤员，然后进行简要的分析，让学员解释按什么标准去为每位伤员进行分诊。<br>（7）B组练习。 |

（见图1.1～1.4）

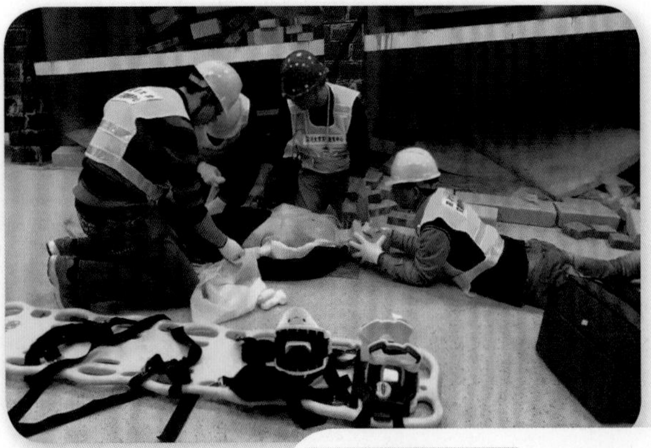

图1.1　分诊现场示意图

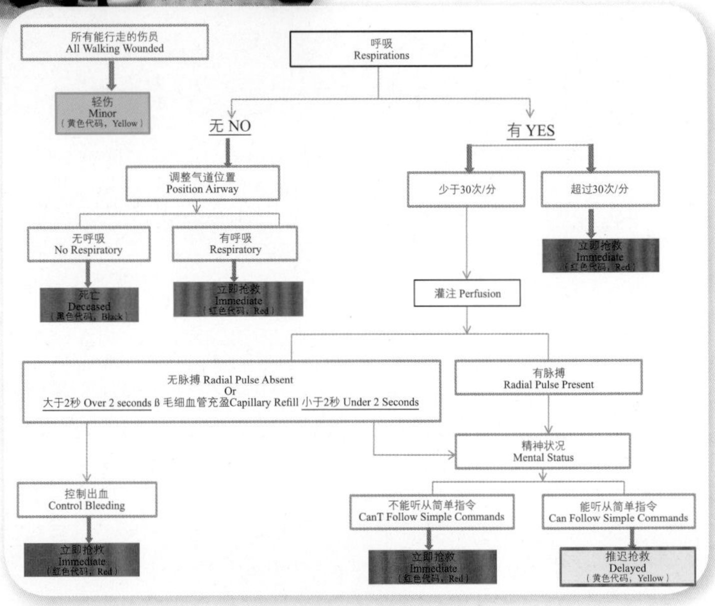


图1.2　分诊步骤示意图

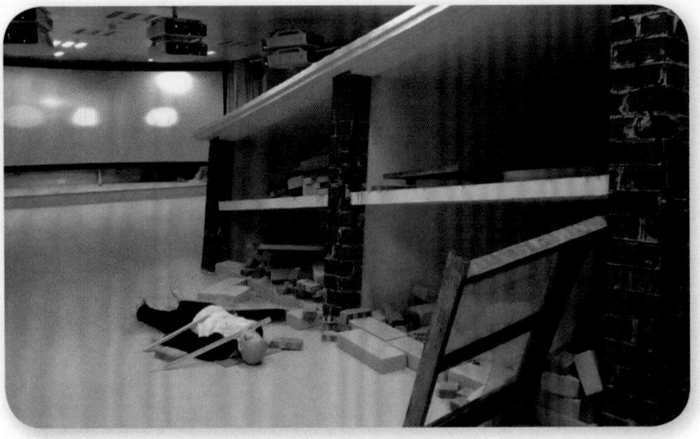

图1.3　分诊现场准备示意图

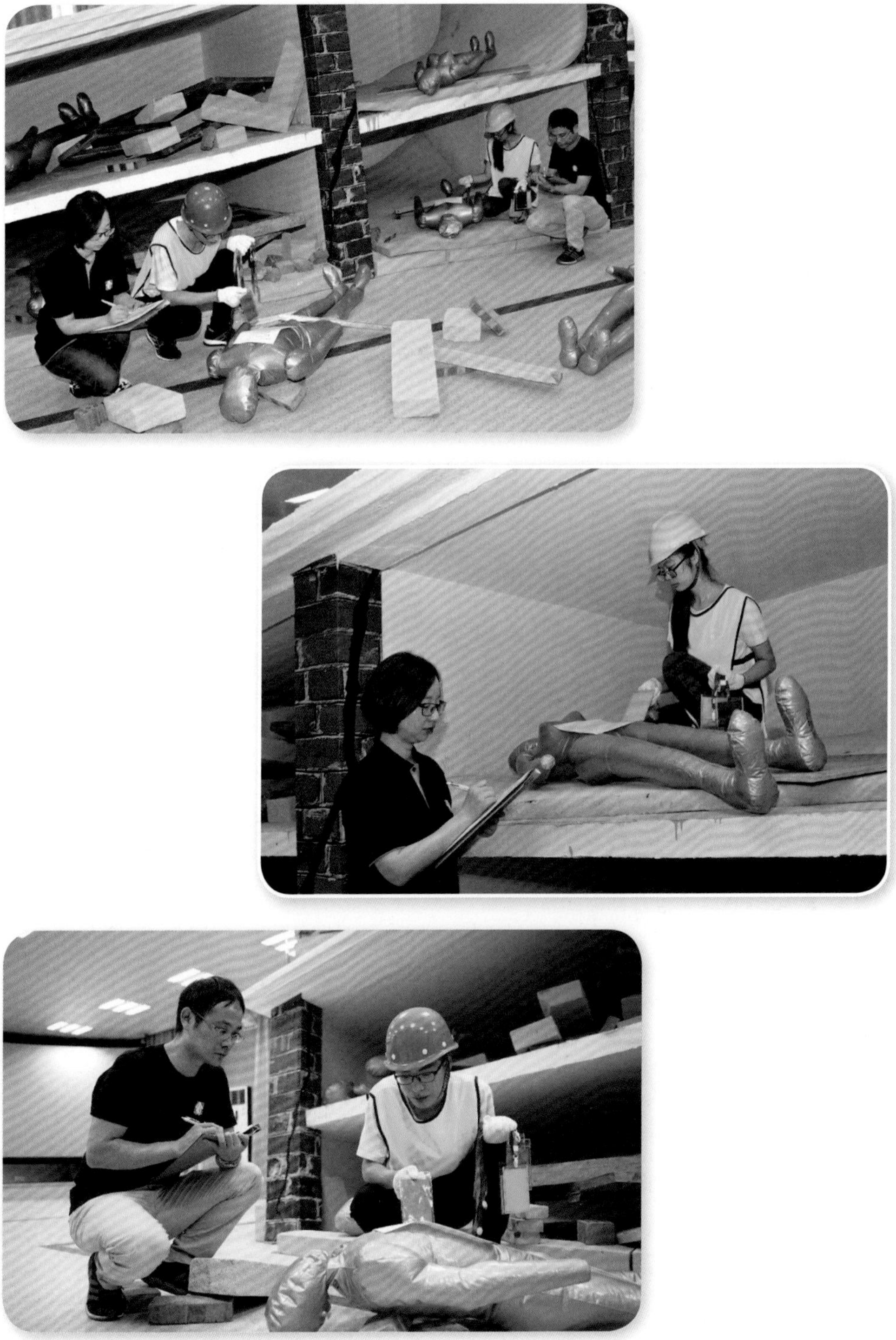

图1.4　分诊教学系列示意图

# 第二章　事故指挥系统
# （Incident Command System）

| | |
|---|---|
| 培训目标 | 通过事故指挥系统教学内容和方法的模拟演习（Simulation Drill）及讨论思维训练，培养学员应对突发事故指挥和调配各种医疗资源的能力。 |
| 培训要求 | （1）时长45分钟。<br>（2）1名导师和6名学员。 |
| 培训准备 | （1）白板。<br>（2）大桌子及各种桌面模型。<br>（3）灾区模拟地图。<br>（4）各种大型交通意外模型，如车、船、飞机。<br>（5）各种救援工具模型，如救护车、工程车、直升机。<br>（6）各种现场设施，如除污区、分诊区、医疗站、移动手术室/ICU。<br>（7）各种标示，如热区、暖区、冷区、风向。<br>注：如有虚拟现实设备，可采用虚拟实境方式进行培训。 |
| 培训程序 | （1）学员选择事故指挥系统中所扮演的角色。<br>（2）导师讲述灾难案例。<br>（3）学员15分钟讨论，按其角色分工处理灾难。<br>①角色分工——事故指挥官、安全官、联络官、公共信息官、规划组、财务组、物流组、应对组等；<br>②现场评估；<br>③人力物资调配；<br>④现场设施设定；<br>⑤搜索及救援；<br>⑥除污，分诊，初步稳定（包括医疗救援、公共卫生应急救援、心理应急救援）；<br>⑦进一步适切治疗；<br>⑧疏散及确定转运方式；<br>⑨与转运转医院沟通。<br>（4）预备15分钟讨论，让各学员对以上课题进行报告，导师给予评价。 |

（见图2.1～2.2）

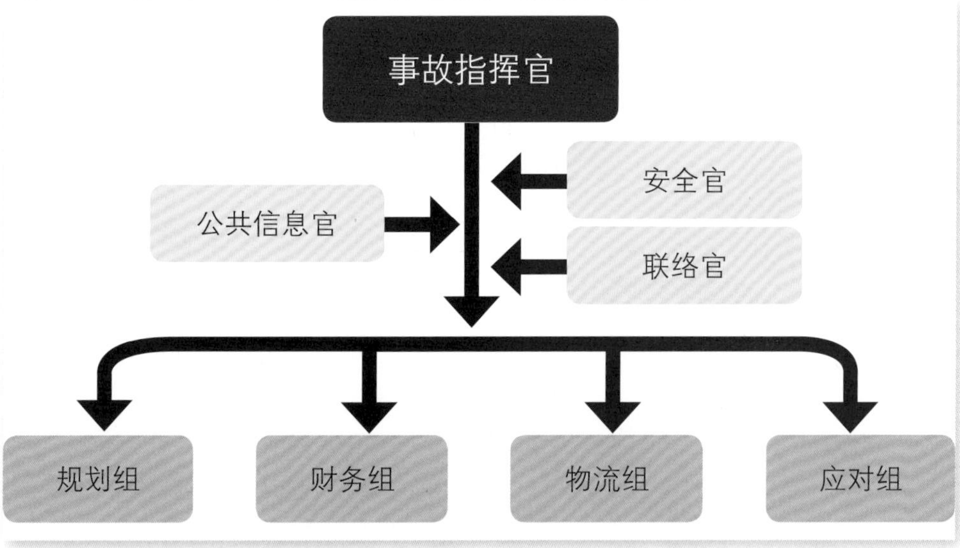


图2.1　事故指挥系统构建示意图

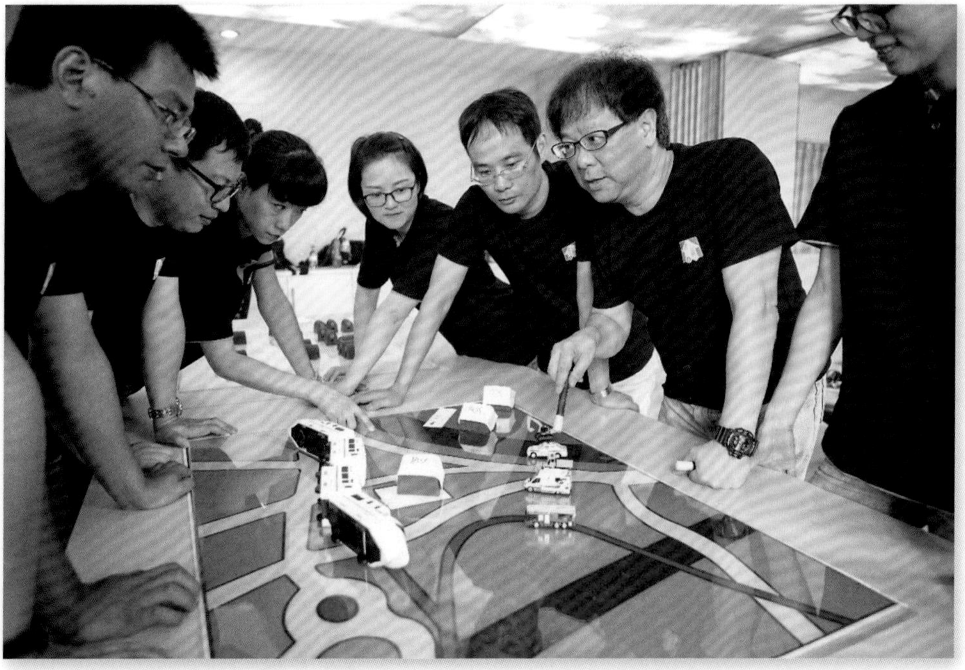

图2.2　事故指挥系统现场演示示意图（A）

图2.3　事故指挥系统现场演示示意图（B）

图2.4　事故指挥系统现场演示示意图（C）

# 第三章　核生化个人防护装备（CBRNE-PPEs）

| | |
|---|---|
| 培训目标 | 通过对核生化个人防护装备的相关内容和使用方法的学习，培养学员在CRBNE事件中使用专门个人防护设备（PPEs）的技能。 |
| 培训要求 | （1）时长5分钟。<br>（2）每6名学生一小组。<br>（3）有4级CBRNE-PPE：<br>①类型A用于热区（CBRNE事故发生区）；<br>②类型B用于温区/暖区（除污站点）；<br>③类型C用于冷区（分流站点）；<br>④类型D用于冷区（医疗中心）。<br><br>本课程只教授类型C的使用。 |
| 培训准备 | 2～3套C型PPEs，具体包含以下项目：<br>①手套；<br>②靴子；<br>③固定带；<br>④大塑料袋；<br>⑤椅子。 |
| 培训步骤 | 两名学员组成一个训练小组，一名学员穿上PPE，另一名充当助手。<br>（1）穿上PPE程序：<br>①先坐在椅子上，戴内乳胶手套；<br>②穿长袍和脚包，穿靴子（带封条）；<br>③戴护目镜/面罩；<br>④戴外手套（带密封）。<br>（2）脱下PPE程序：<br>①在洗消后完成；<br>②脱下的PPE部件放入一个大塑料袋内；<br>③移除外手套；<br>④脱掉长袍和靴子；<br>⑤拆卸内裹脚；<br>⑥脱去护目镜/面罩；<br>⑦取下内乳胶手套。 |

（见图3.1～3.2）

图3.1　核生化个人防护装备示意图（穿上PPE）

图3.2　核生化个人防护装备示意图（除下PPE）

# 第四章　伤口缝合（Wound Suturing）

| | |
|---|---|
| 培训目标 | 通过对伤口缝合的教学内容和方法的学习，培养学员进行简单伤口缝合的能力，以防止在核事件中让放射性或核物质经伤口进入体内。 |
| 培训要求 | （1）时长45分钟。<br>（2）1名导师和6名学员。 |
| 培训准备 | 三套缝合设备，主要包含以下几项：<br>①带切割针（2.0或3.0）丝或尼龙缝针线；<br>②持针镊；<br>③有齿镊；<br>④剪刀；<br>⑤锐盒；<br>⑥猪肉皮。 |
| 培训步骤 | （1）播放以下三种缝合技术的简短视频录像：<br>①简单间断式缝合；<br>②垂直褥式缝合；<br>③水平褥式缝合。<br>（2）将学员分成3个小组，每2名学员一组，并在猪皮上练习3种缝合技术。 |

（见图4.1～4.4）

图4.1　伤口缝合

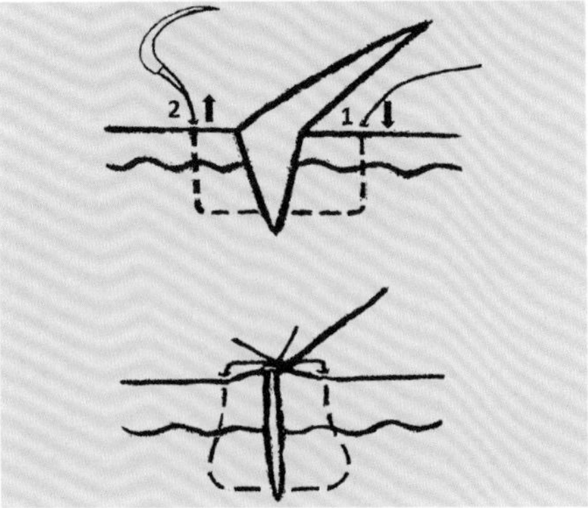


图4.2　简单间断式缝合
（Simple Interrupted Suture）

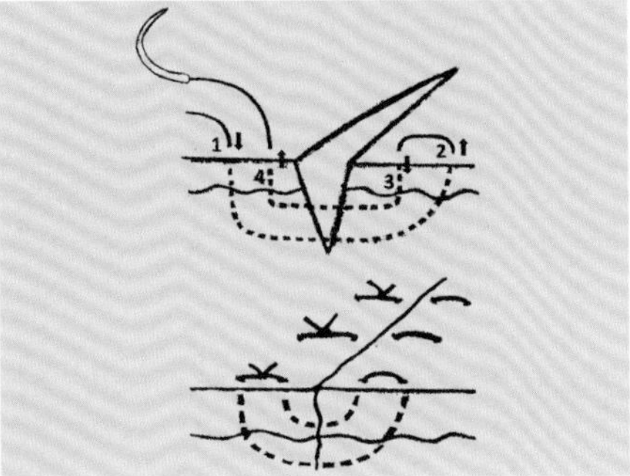


图4.3　垂直褥式缝合
（Vertical Mattress Suture）

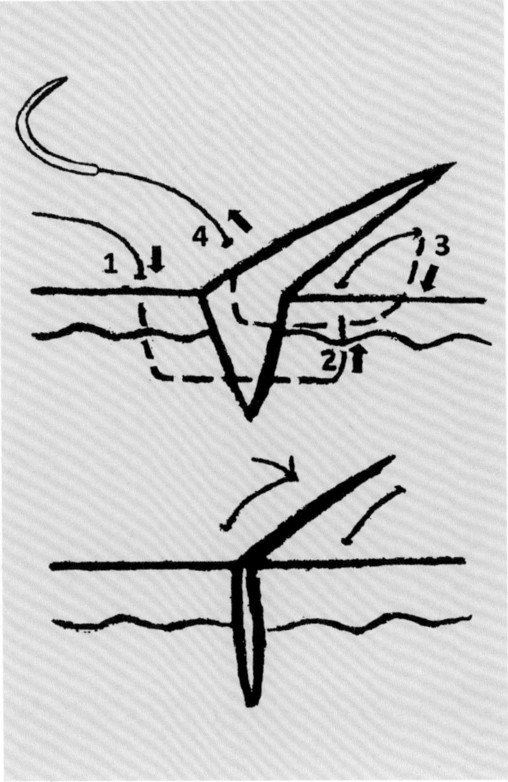


图4.4　水平褥式缝合（Horizontal Suture）

# 第五章　困难气道管理（Difficult Airway Management）

| | |
|---|---|
| 培训目标 | 通过对困难气道管理教学内容和方法的学习，使学员能够掌握在灾难中管理困难气道伤员的基本技巧，更好地挽救生命。 |
| 培训限制 | （1）时长45分钟。<br>（2）1名导师和6名学员。 |
| 培训准备 | （1）2～3套插管用气道模拟人。<br>（2）不同类型的气道装置和相关设备：<br>①口咽通气管（OPA）；<br>②鼻咽通气管（NPA）；<br>③喉罩气道（LMA）；<br>④喉管（LTD）；<br>⑤联合导管（Combitube）；<br>⑥气管内插管（ETT）；<br>⑦听诊器。 |
| 培训步骤 | （1）教学生MMAP方法。<br>M＝Mallampati分级；<br>M＝3-3-2量度原则；<br>A＝寰枕角（15度）；<br>P＝病理（气道异物梗阻）。<br>（2）徒手打开气道：仰头抬颏法和双手托颌法。<br>（3）教授基本气道装置：<br>①口咽通气管（OPA）；<br>②鼻咽通气管（NPA）。<br>（4）教授先进的气道装置：<br>①喉罩气道（LMA）；<br>②喉管（LTD）；<br>③联合导管（Combitube）。<br>（5）教授氧气插管（ETT）插入的不同位置：<br>①为仰卧位伤员插ETT（一位救援者）；<br>②为仰卧位伤员插ETT（两位救援者）；<br>③为坐位伤员插ETT（两位救援者）。 |

（见图5.1～5.8）

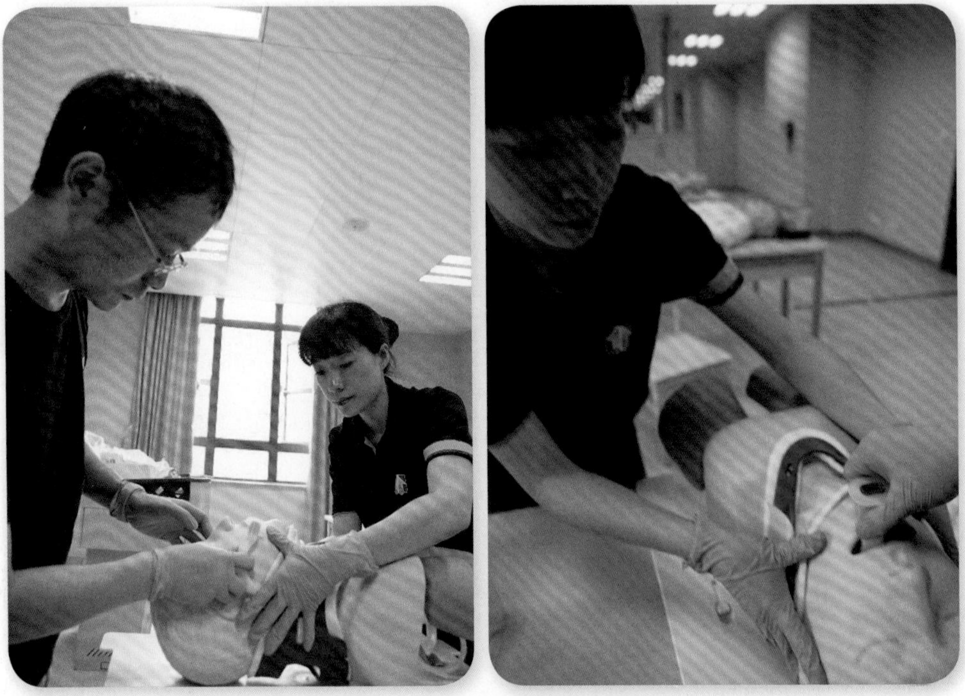

图5.1　困难气道管理（口咽通气管Oro-Pharyngeal Airway）

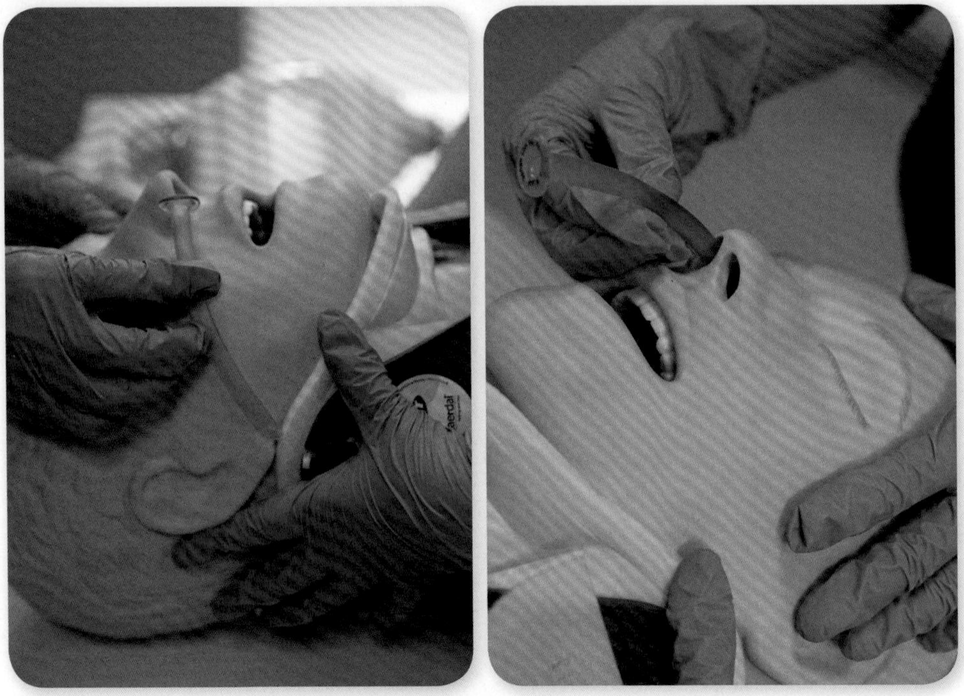

图5.2　困难气道管理（鼻咽通气管Naso-Pharyngeal Airway）

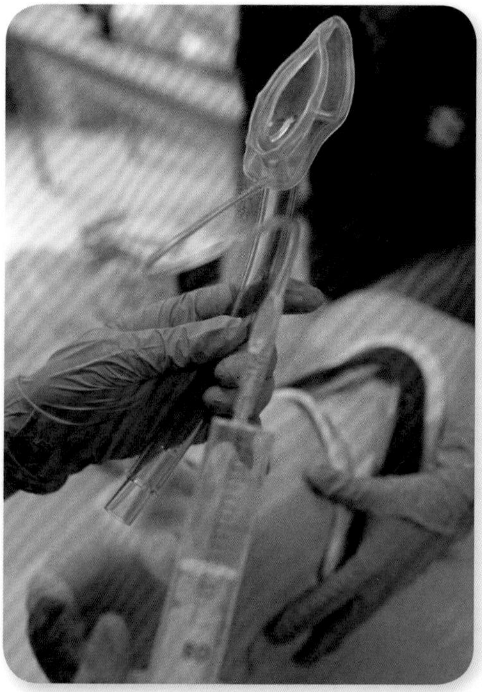
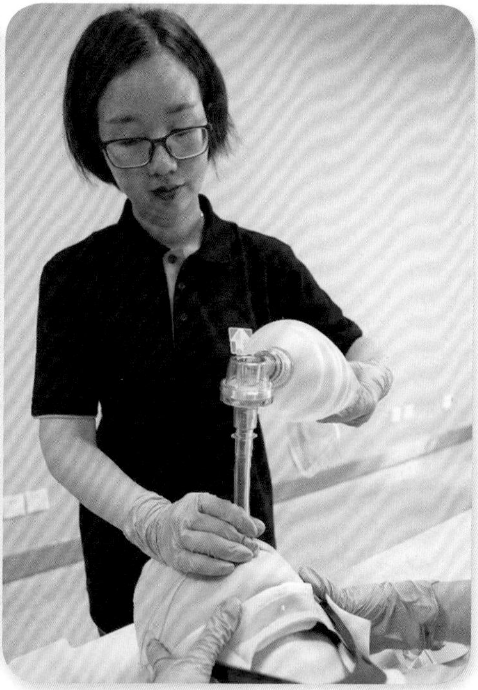

图5.3　困难气道管理（喉罩气道Laryngeal Mask Airway）

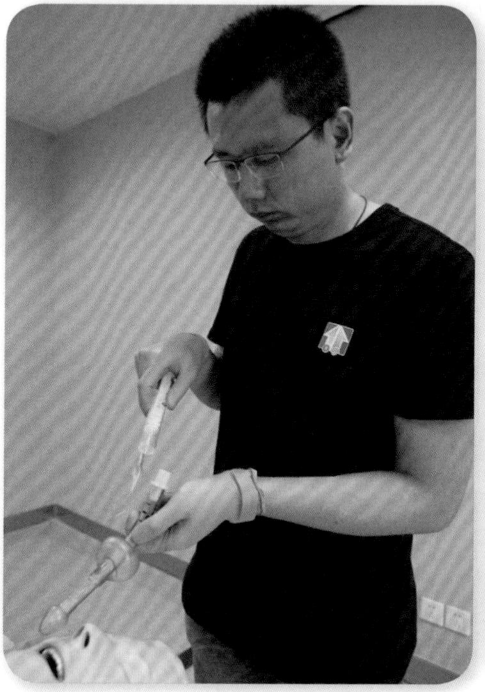
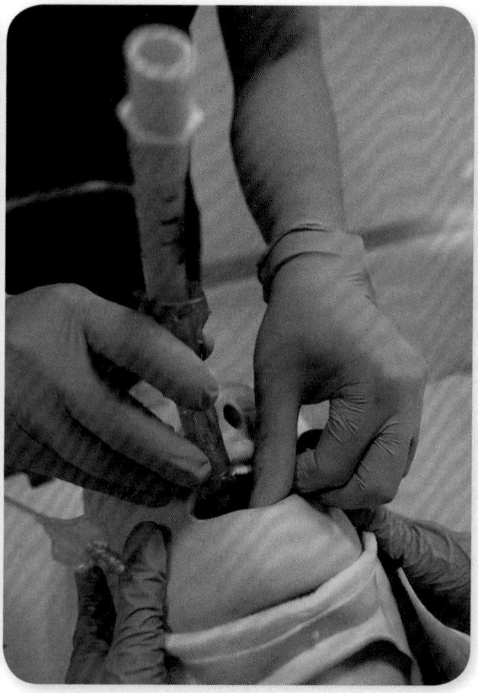

图5.4　困难气道管理（喉管Laryngeal Tube Device）

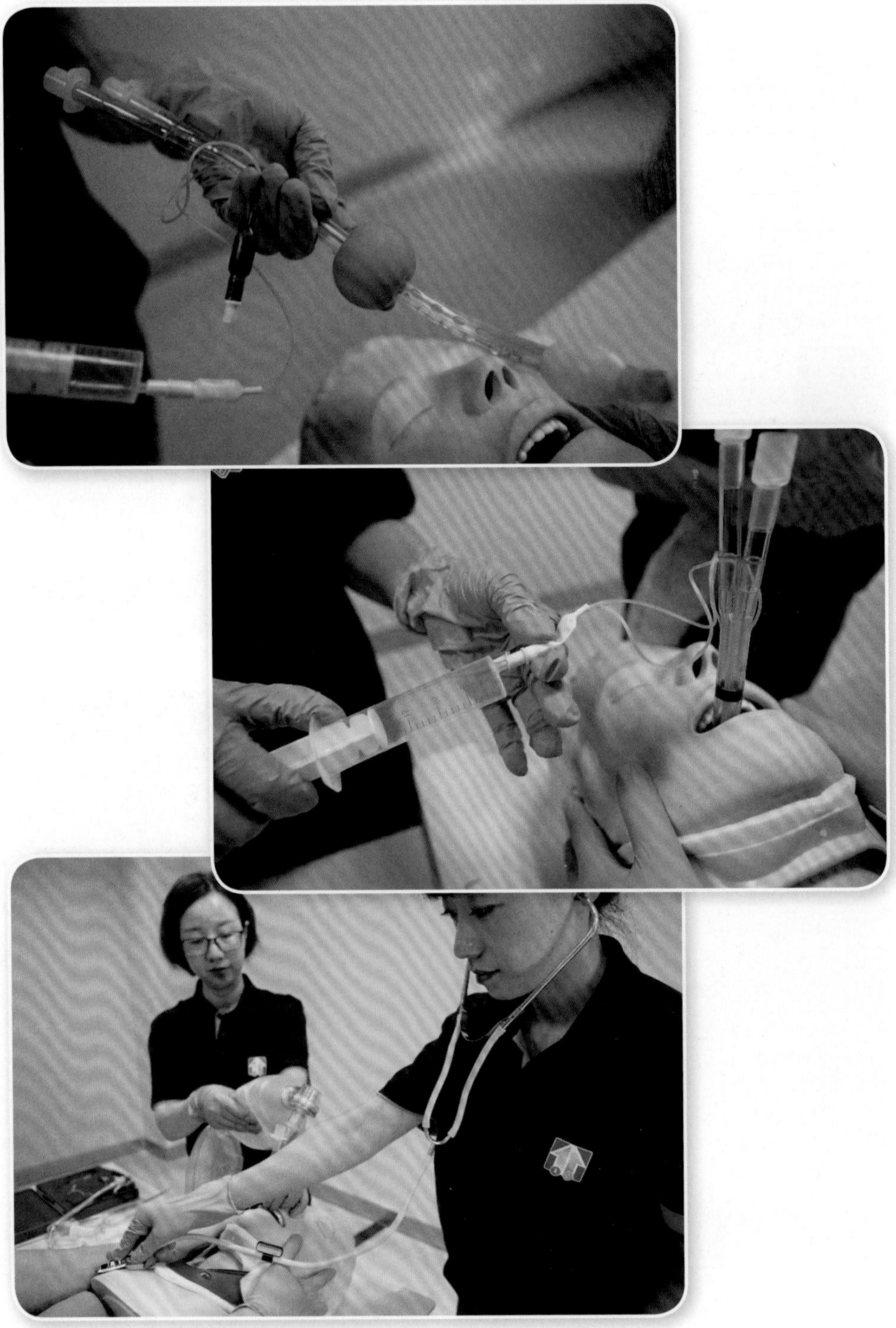

图5.5　困难气道管理（联合导管Combitube）

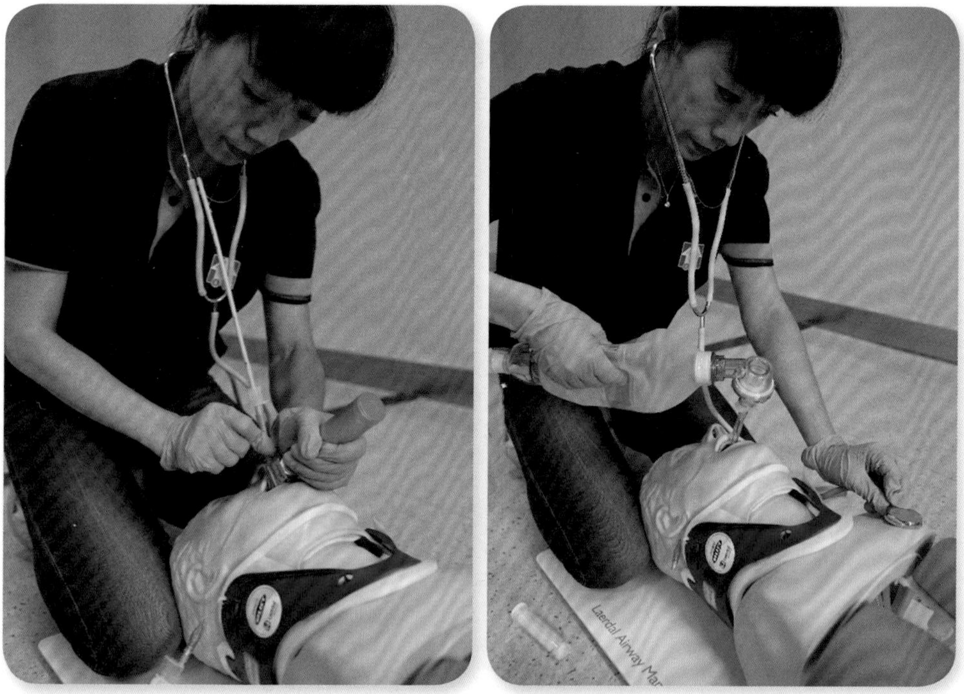


图5.6　困难气道管理——为仰卧位伤员进行气管插管（一位救援者）

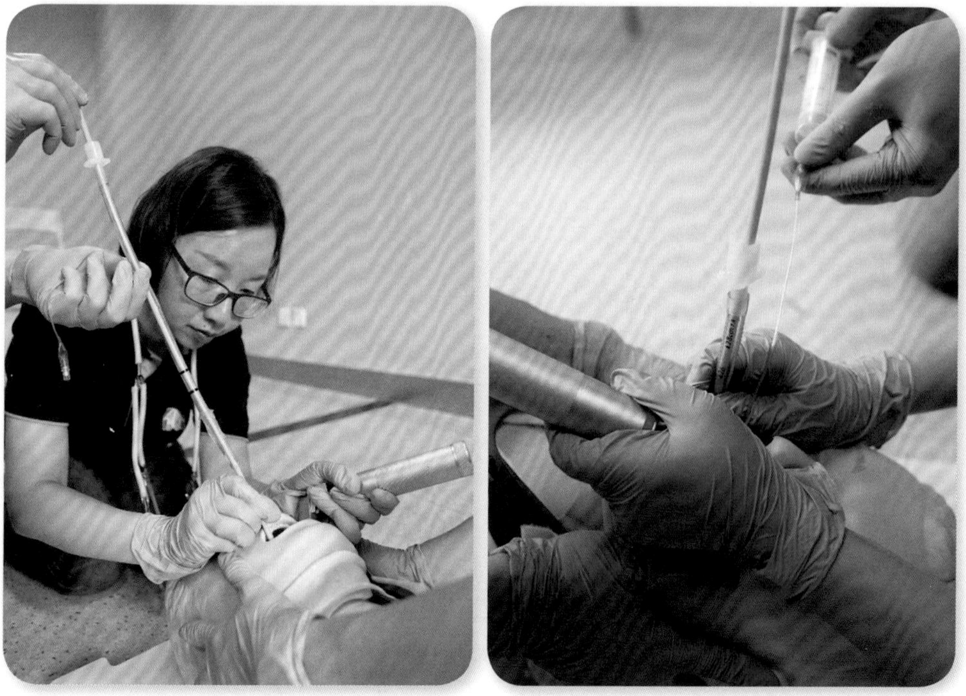

图5.7　困难气道管理——为仰卧位伤员进行气管插管（两位救援者）

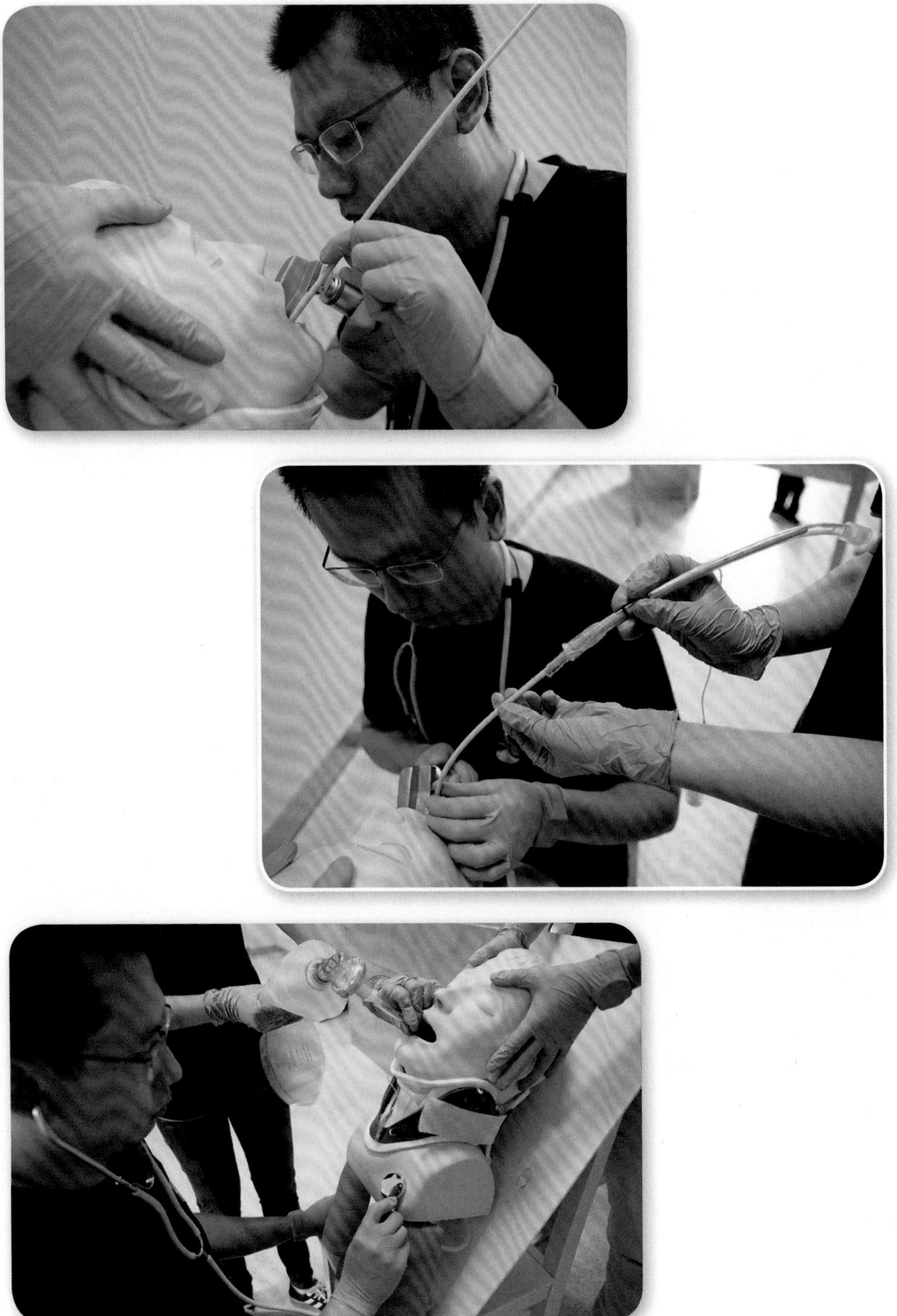

图5.8　困难气道管理——为坐位伤员进行气管插管（两位救援者）

# 第六章　锁定法（Grips）

| | |
|---|---|
| 培训目标 | 通过对锁定法的学习，培养学员在不同体位下徒手固定创伤伤员脊柱的基本技能。 |
| 培训要求 | （1）时长45分钟。<br>（2）1名导师和6名学员。 |
| 培训准备 | 头盔。<br>KED及床单卷。<br>颈托。<br>脊柱板。 |
| 培训步骤 | （1）首先进行简单头锁（Simple Head Grip）+应用颈托练习：<br>①可从正面或背面接触，坐姿或卧位均可；<br>②在初次评估和应用期间固定头部。<br><br>（2）再教头胸锁（Sternal Head Grip）：<br>①注意从一个锁定法转换到另一个锁定法时要交换手法；<br>②该手法也可用于拆卸头盔。<br><br>（3）进一步学习头肩锁（Modified Trap Squeeze）：<br>①将患者载上脊柱板时做同轴滚动；<br>②将患者上传到脊柱板上。<br><br>（4）学习双肩锁（Trap Squeeze）：<br>①移动或滑动患者从脊柱板一侧到另一侧（或上下脊柱板）；<br>②方法：推土法（Bull-dozing）或直接提升。<br><br>（5）最后教胸背锁（Sternal Spinal Grip）：<br>在演示前让学生坐在椅子上练习运用KED解救法和床单卷解救法移离伤员。 |

（见图6.1～6.8）

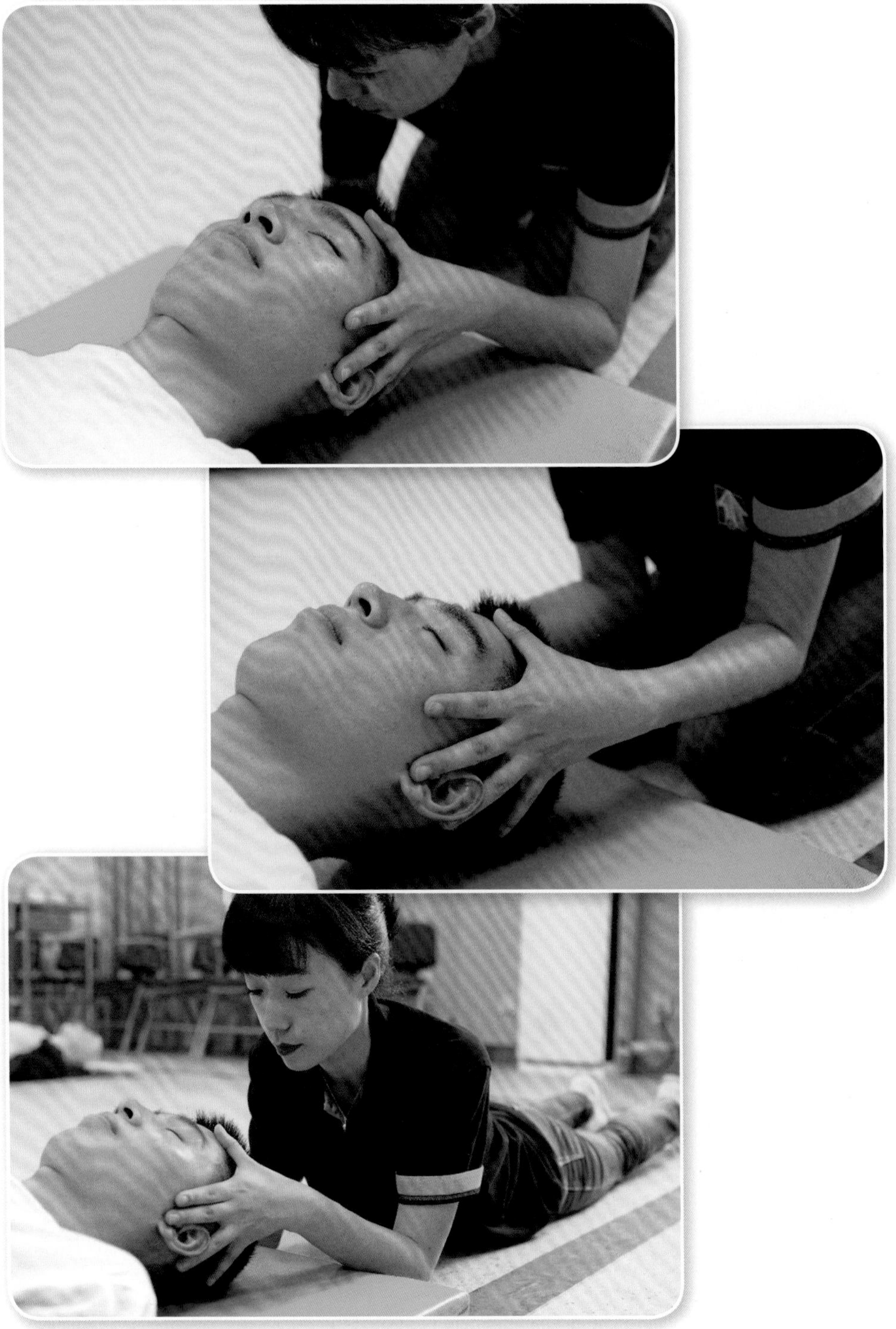

图6.1　简单头锁（Simple Head Grip）

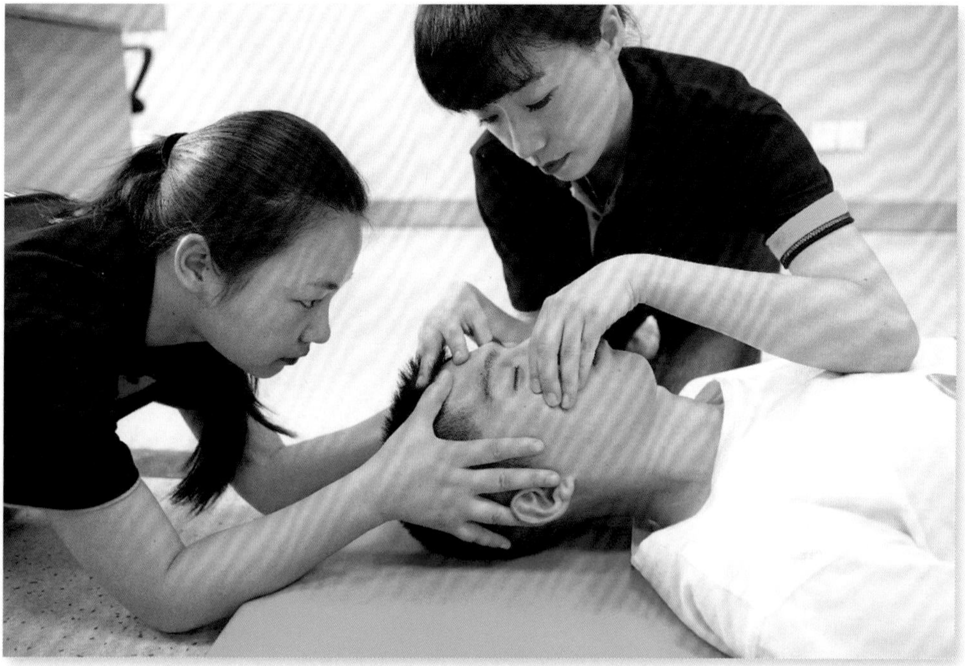

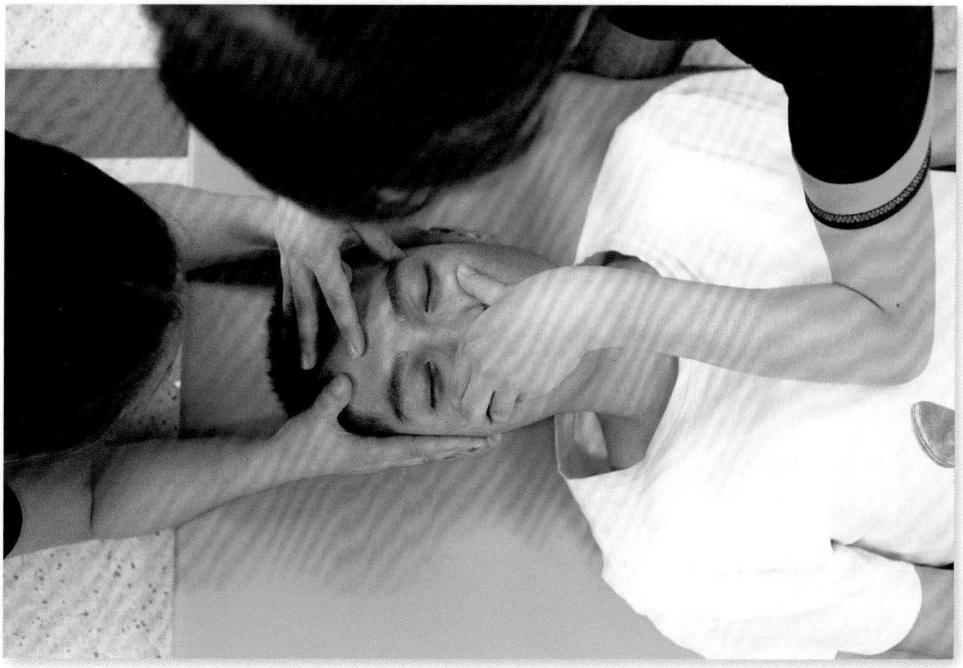

图6.2　简单头锁和头胸锁（Sternal Head Grip）

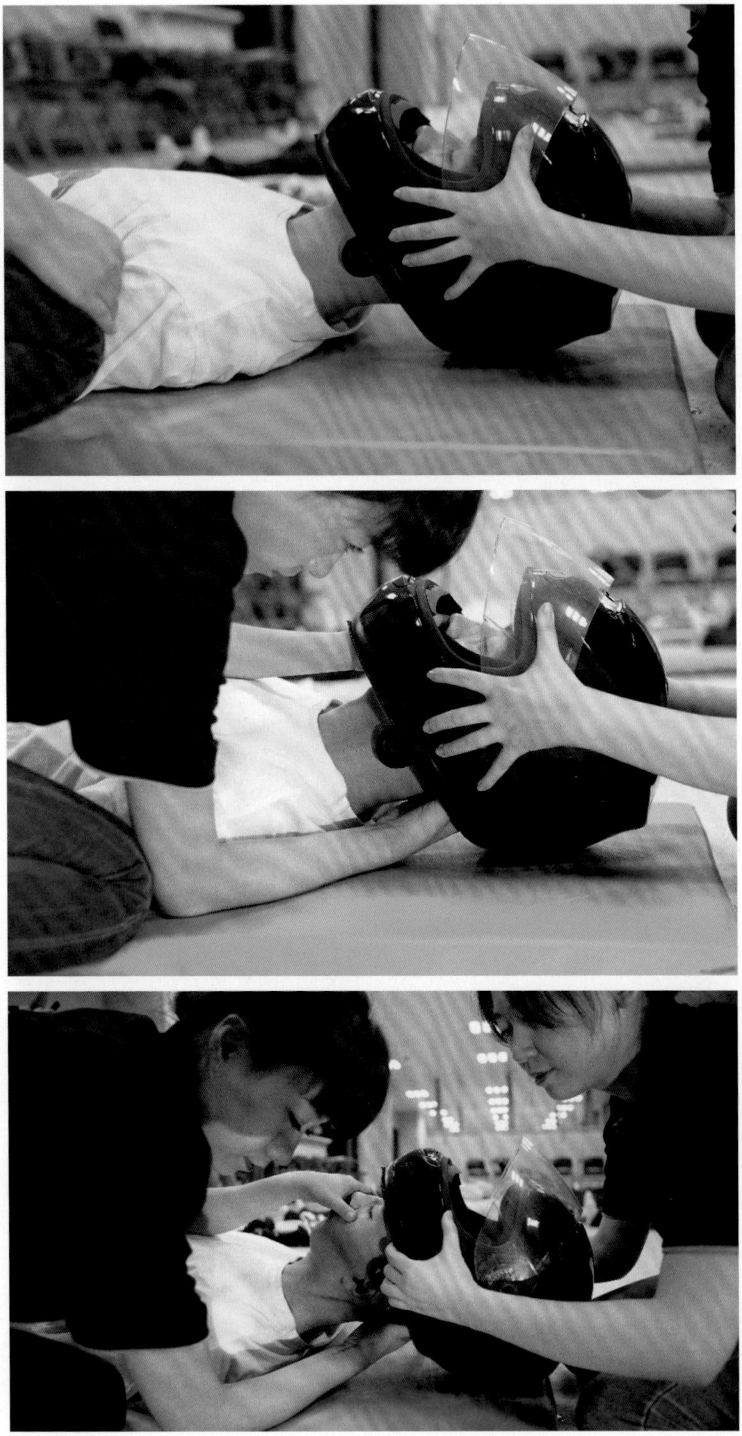

图6.3　移除头盔（Removal of Helmet）

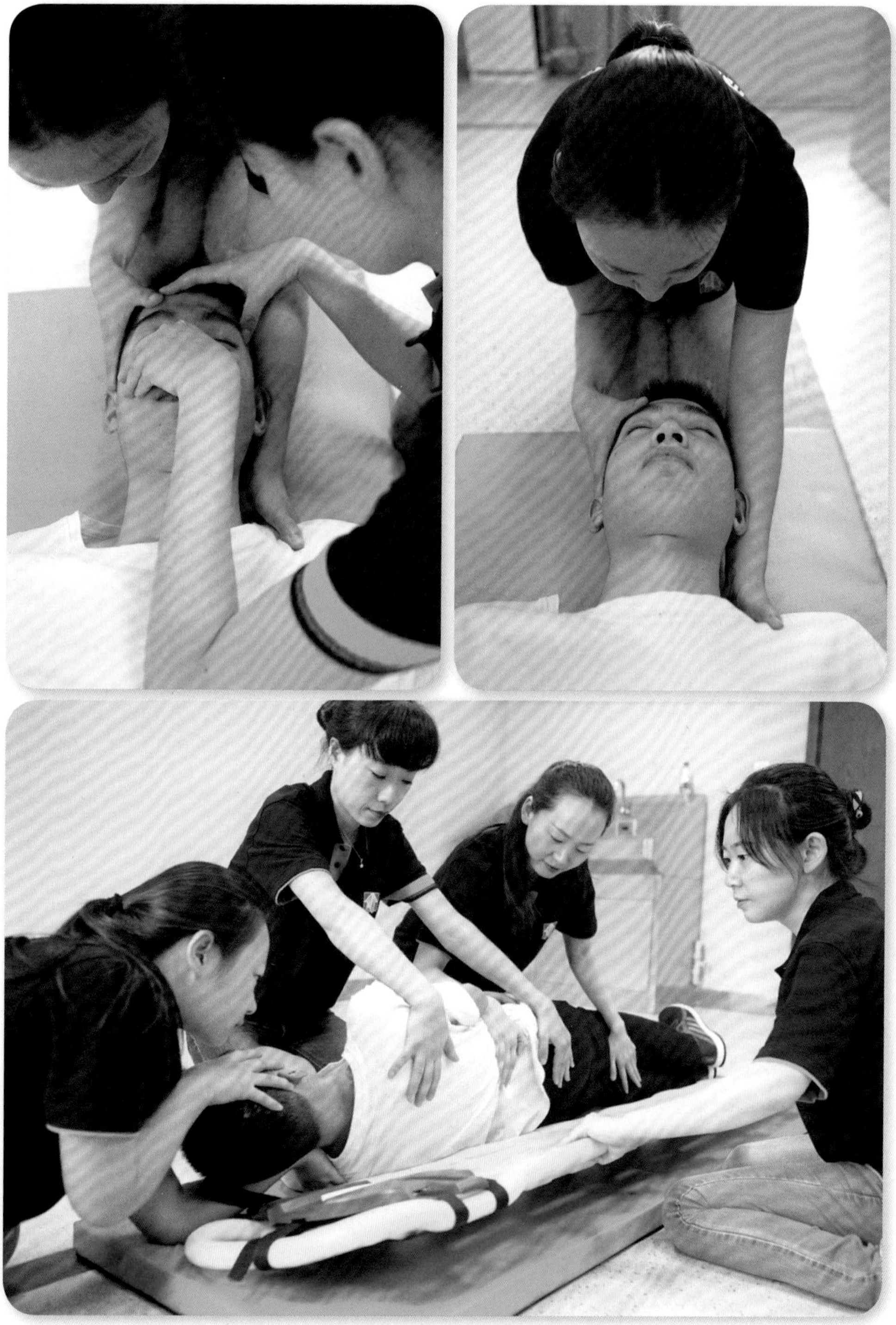

图6.4 头胸锁和头肩锁（Modified Trap Squeeze）

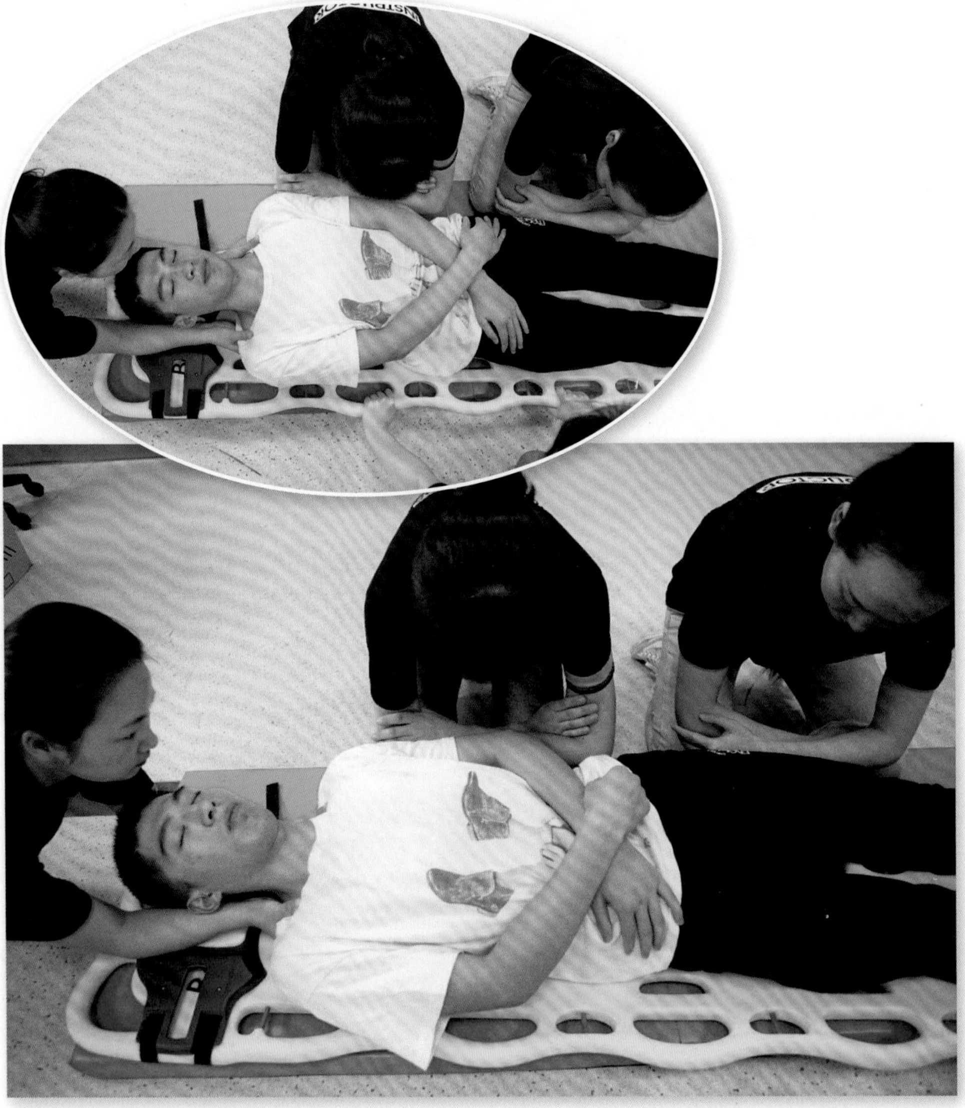

图6.5　推土法（Bull-dozing）和双肩锁（Trap Squeeze）

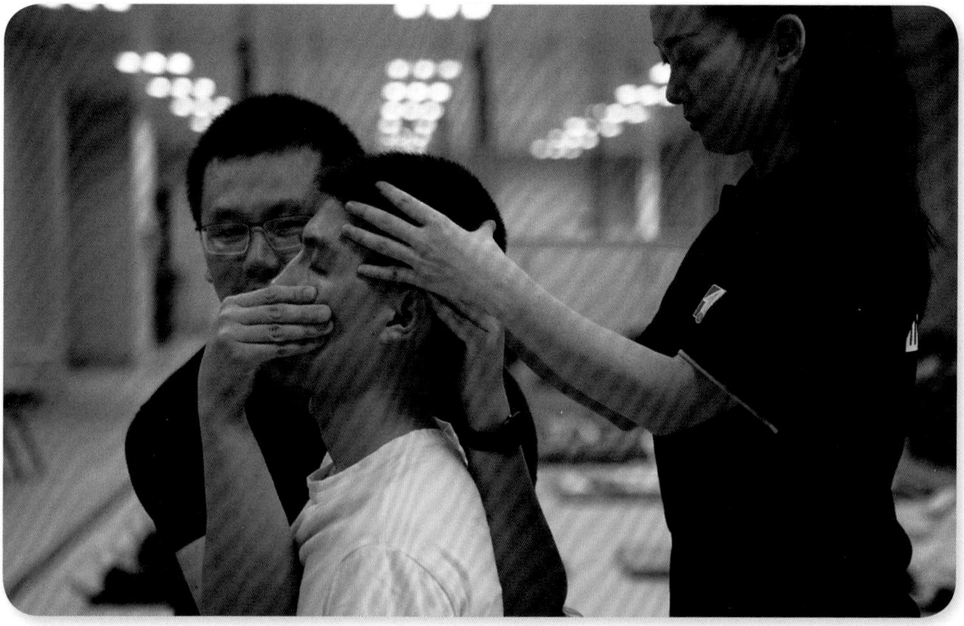

图6.6　胸背锁（Sternal Spinal Grip）和简单头锁

图6.7　床单卷解救法

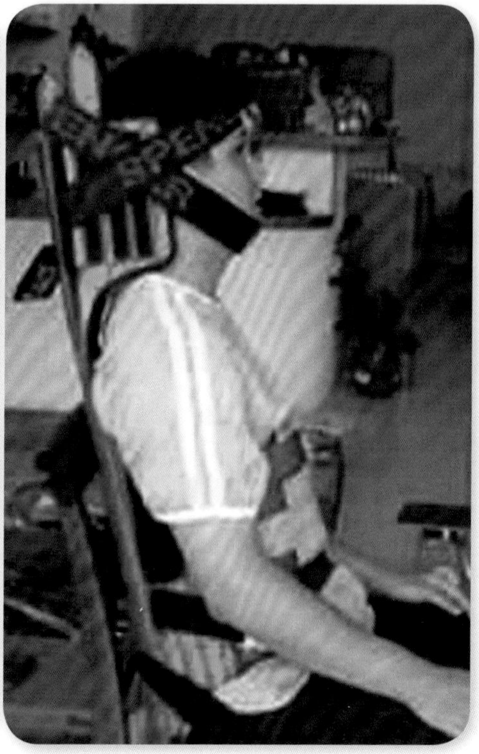

图6.8　KED解救法

# 第七章 各类创伤干预
# （Miscellaneous Trauma Intervention）

| | |
|---|---|
| 培训目标 | 通过对各类创伤干预的教学内容和方法的学习，培养学员的执行能力，帮助学员掌握不同类型的干预措施，以管理不同类型的创伤急救。具体内容包括下面六点。<br>（1）张力性气胸的穿刺减压术。<br>（2）心包穿刺减压术。<br>（3）开放性胸部伤口的胸部密封贴。<br>（4）紧急呼吸道阻塞需要的环甲膜穿刺。<br>（5）对困难血管通路的骨穿刺术。<br>（6）用于防止严重外部出血的止血带。 |
| 培训要求 | （1）时长45分钟。<br>（2）1名导师和6名学员。 |
| 培训准备 | （1）张力性气胸：张力性气胸假人体和针。<br>（2）心包填塞：心包填塞假人体和针。<br>（3）开放性胸部伤口：开放性胸部伤口假人体、Asherman胸部密封贴、塑料胶布。<br>（4）紧急呼吸道阻塞：环状软骨假体和针。<br>（5）困难血管通路：骨模型和骨穿针。<br>（6）严重的外部出血：止血带。 |
| 培训步骤和方法 | 逐个演示每一类创伤干预，并让学员实际操作。 |

（见图7.1～7.6）

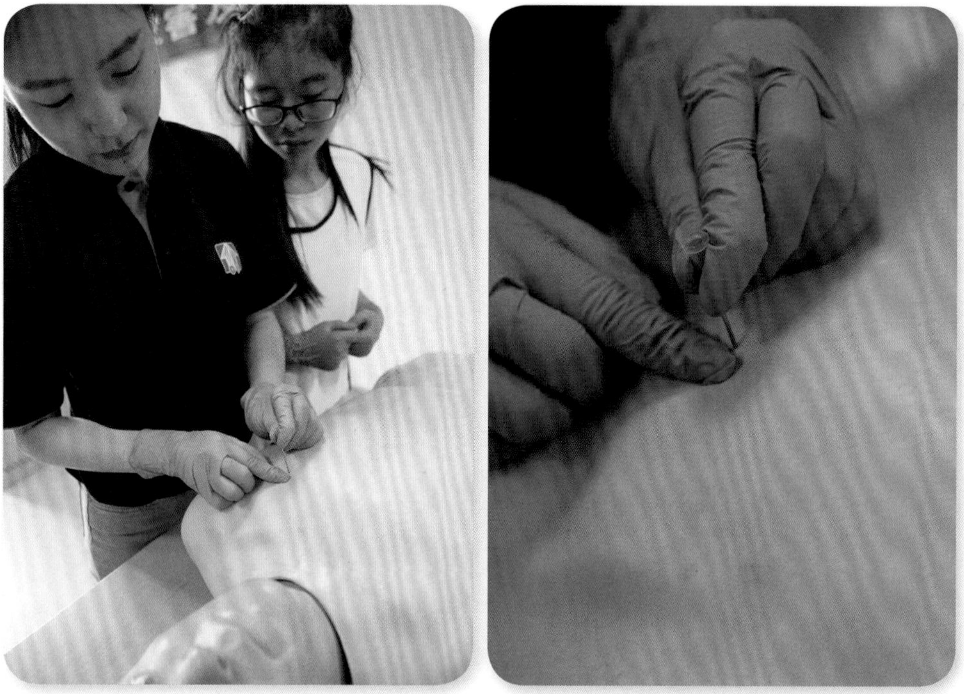

图7.1　张力性气胸的穿刺减压术（Needle Decompression for Tension Pneumo）

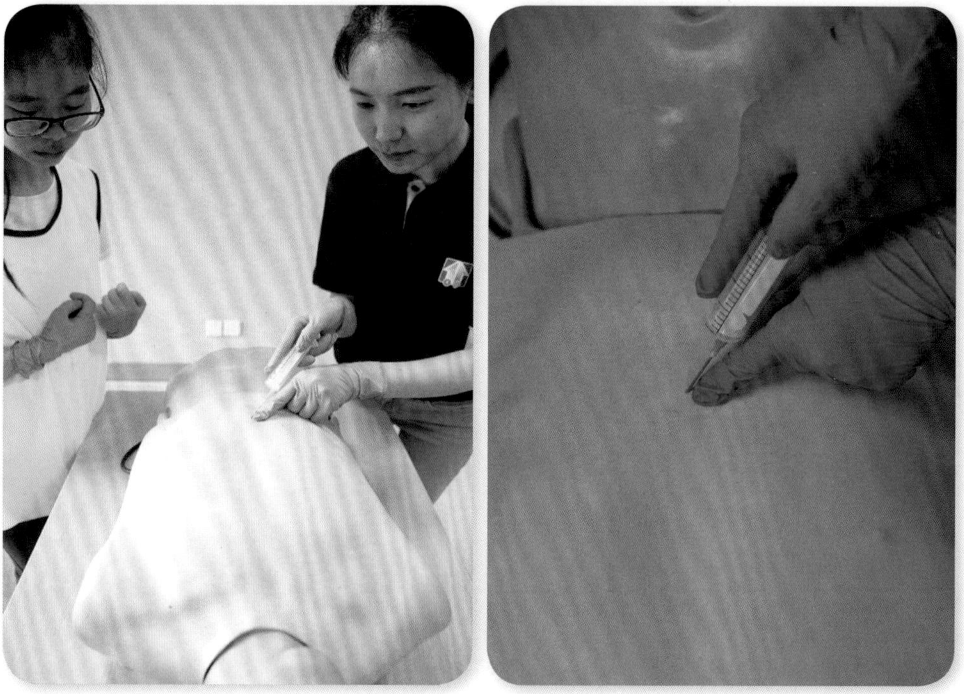

图7.2　心包穿刺减压术（Pericardocentesis）

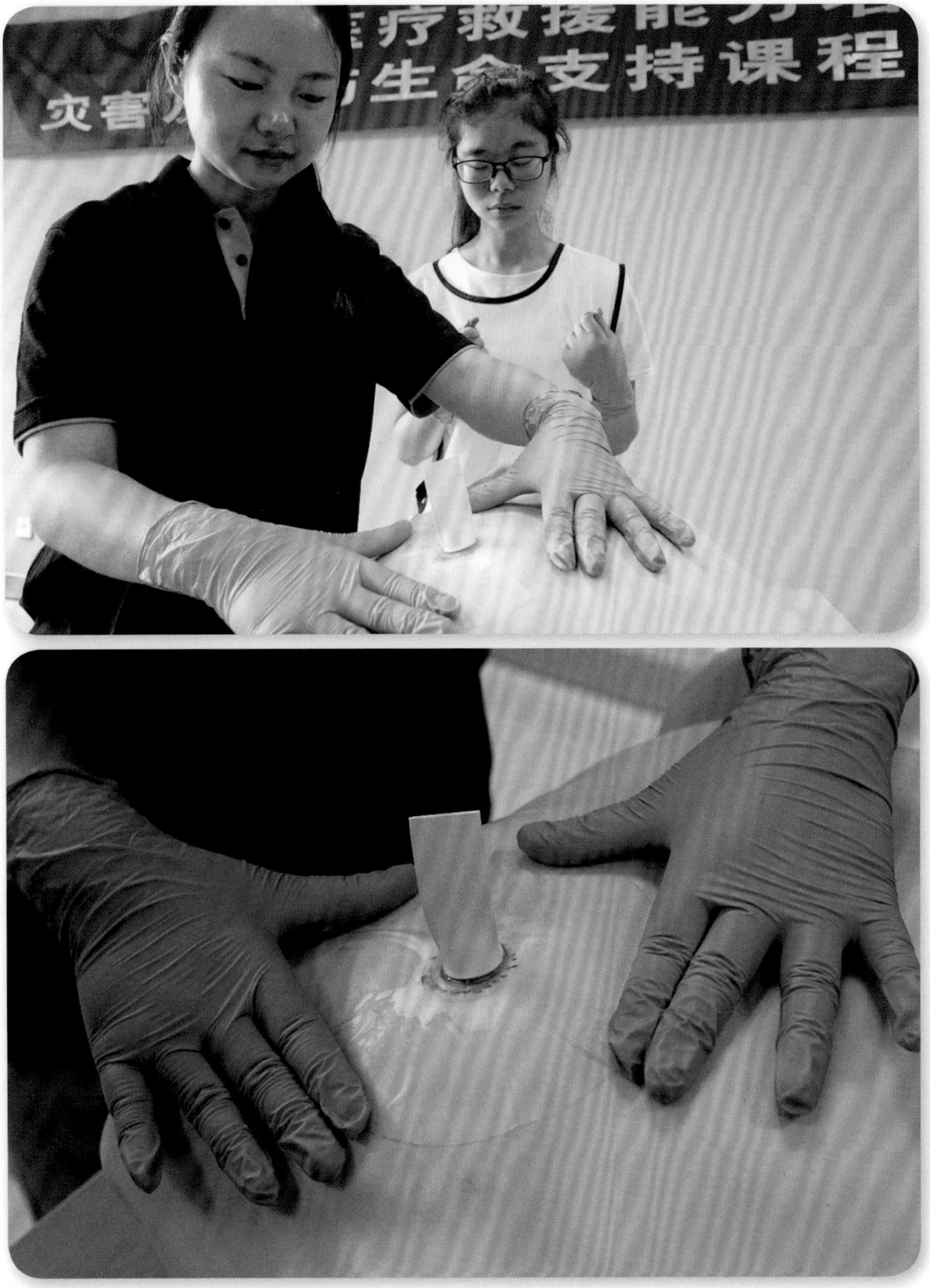


图7.3　开放性胸部伤口的胸部密封贴（Asherman Chest Seal for Open Chest Wound）

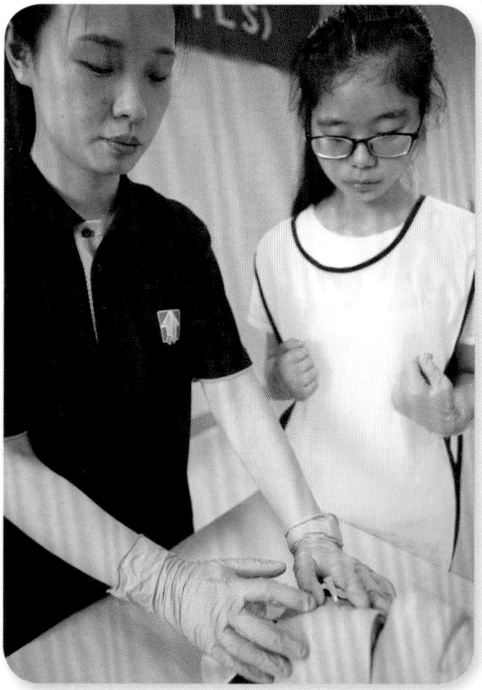

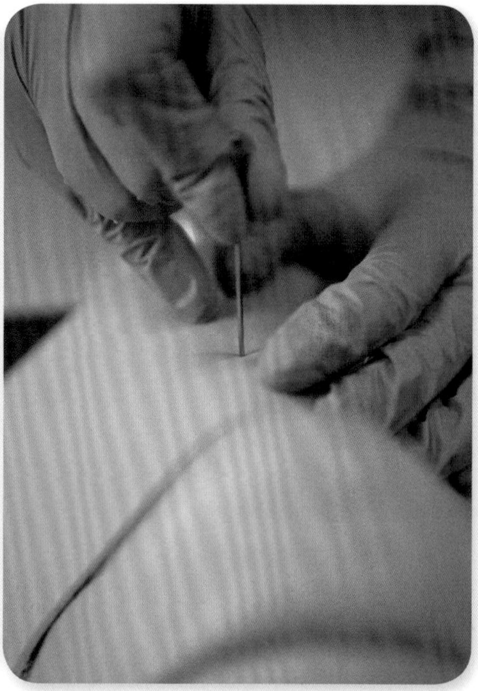

图7.4　环甲膜穿刺（Cricothyroidotomy）

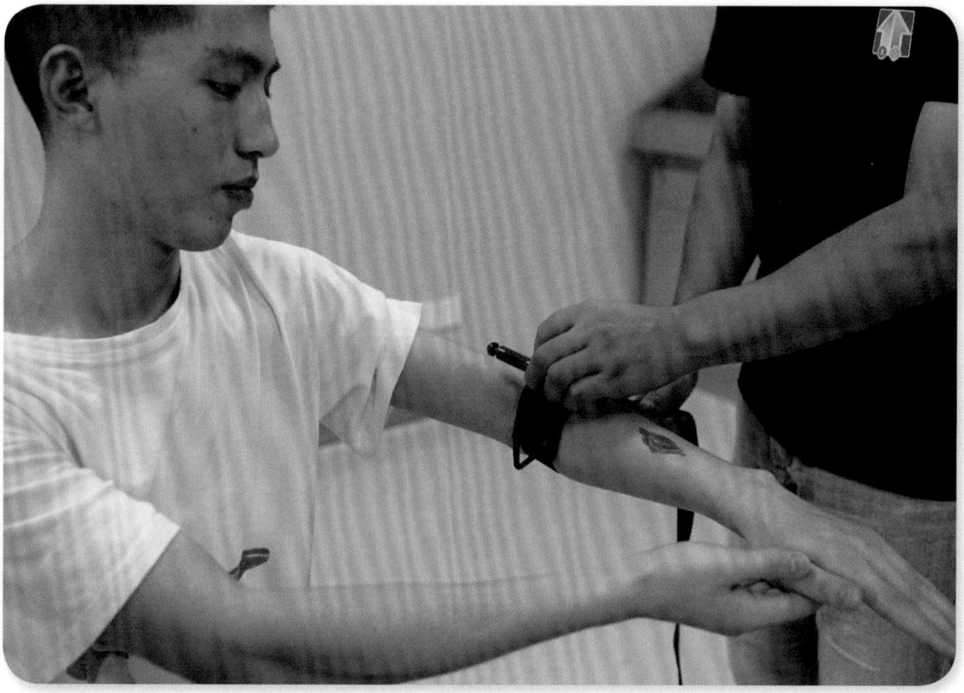

图7.5　防止严重外部出血的止血带（Tourniquet）

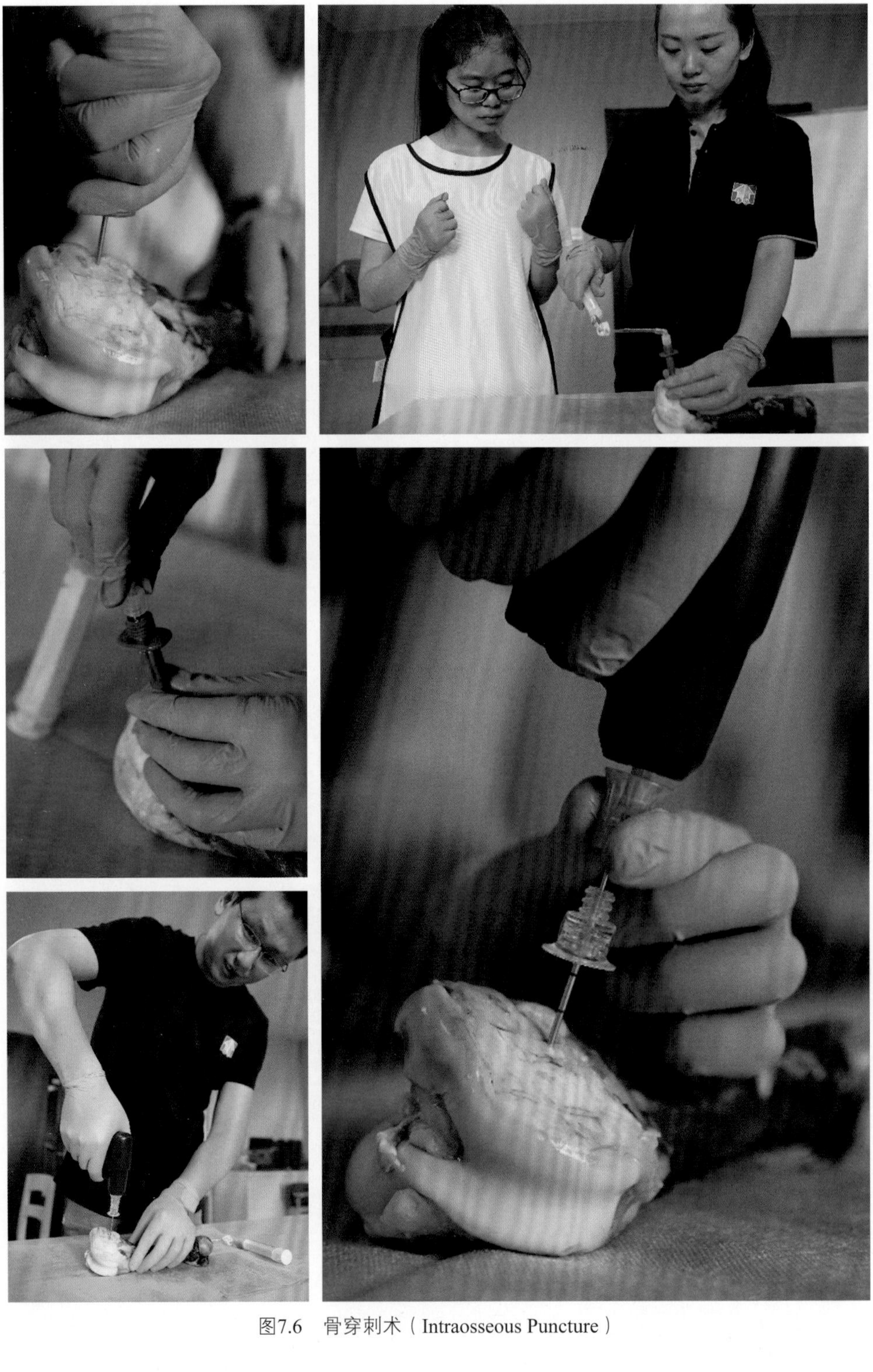

图7.6　骨穿刺术（Intraosseous Puncture）

# 第八章　夹板及担架（Splints & Stretchers）

| | |
|---|---|
| 培训目标 | 学习使用不同类型的担架，培养学员使用不同类型的夹板固定创伤伤员的能力，以使学员在灾难现场能够移离危险现场的伤员。 |
| 培训要求 | （1）时长45分钟。<br>（2）1名导师和6名学员。 |
| 培训准备 | （1）不同类型的夹板。<br>①SAM夹板——用于身体的不同部位；<br>②骨盆夹板——用于骨盆骨折；<br>③牵引夹板——用于股骨骨折。<br>（2）不同类型的担架。<br>①铲式担架（Scoop Stretcher）——用于骨盆骨折或双侧股骨骨折；<br>②篮式担架（Basket Stretcher）——用于促进海陆空运输。 |
| 培训步骤和方法 | （1）在不同部位使用SAM夹板进行演示和练习实践。<br>①颈部；<br>②前臂；<br>③前臂；<br>④腿；<br>⑤脚踝。<br>（2）演示和练习骨盆夹板的使用。<br>（3）演示和练习牵引夹板的使用，如SAM夹板。<br>（4）演示和练习铲式担架的使用。<br>（5）演示和练习篮式担架的使用。 |

（见图8.1～8.5）

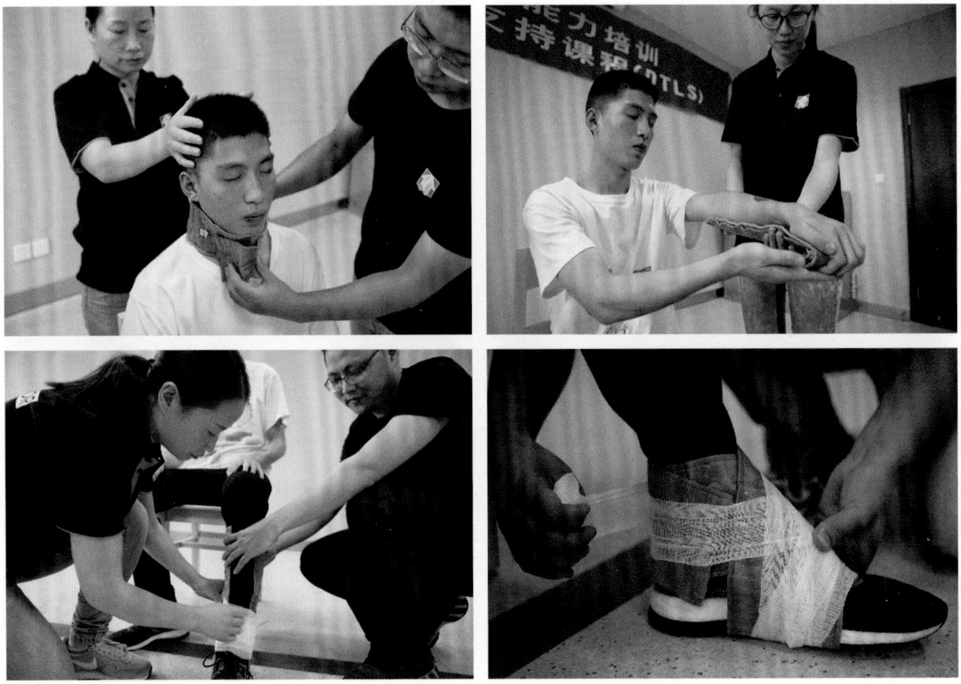


图8.1　夹板及担架（SAM夹板）

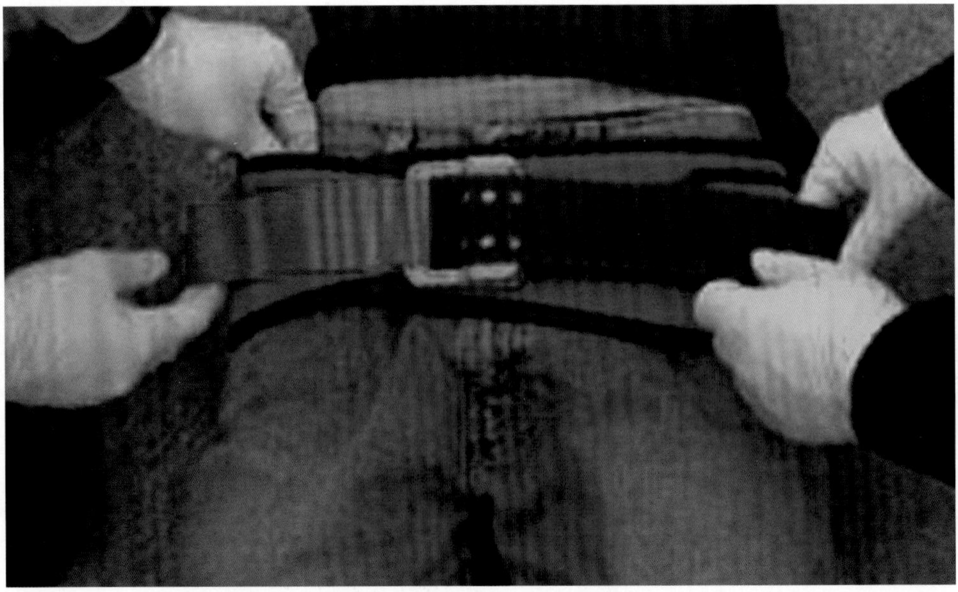

图8.2　夹板及担架（骨盆夹板）

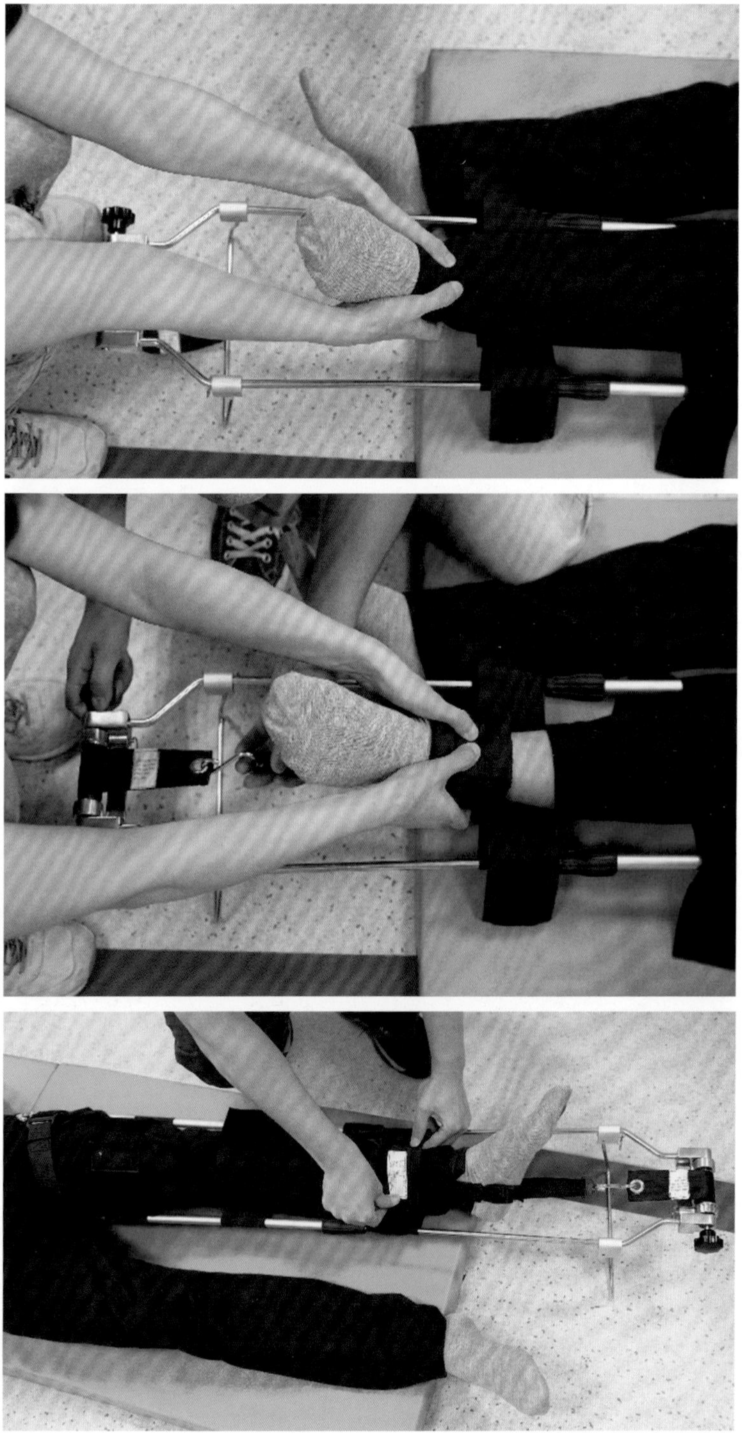

图8.3　夹板及担架（牵引夹板）

图8.4　夹板及担架（篮式担架）

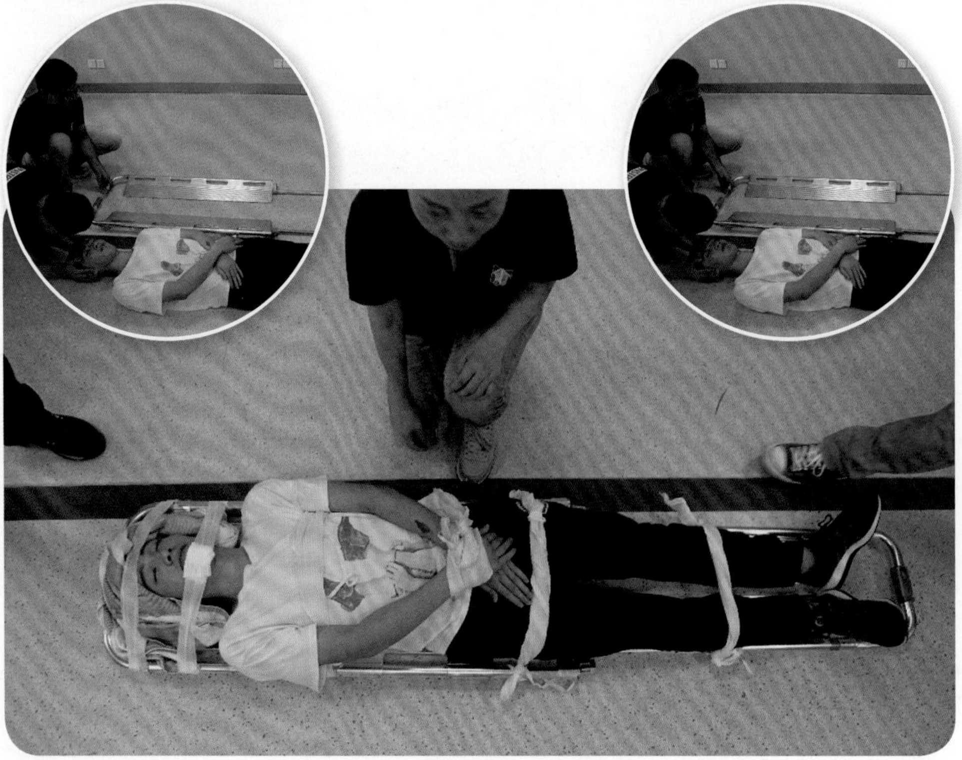

图8.5　夹板及担架（铲式担架）

# 第九章 床单卷解救法（Bedroll Extrication）

| | |
|---|---|
| 培训目标 | 通过对床单卷解救法的学习，培养学员将被困伤员从狭小空间中安全解救出的能力。 |
| 培训要求 | （1）时长45分钟。<br>（2）6名学员组成一组。 |
| 培训准备 | （1）汽车。<br>（2）担架。<br>（3）颈托、脊柱板、毛毯。<br>（4）救生袋：<br>①听诊器、手电筒、剪刀；<br>②氧气面罩、绷带、止血带、输液管、液体；<br>③不同类型的气道装置和BVM；<br>④床单卷。 |
| 培训步骤 | （1）设定训练案例。<br>（2）学员进行练习。<br>①现场评估；<br>②对伤员进行初步评估；<br>③把伤员从车里救出来；<br>④将伤员送往救护车后进行二次评估；<br>⑤向医疗中心报告。 |

（见图9.1）

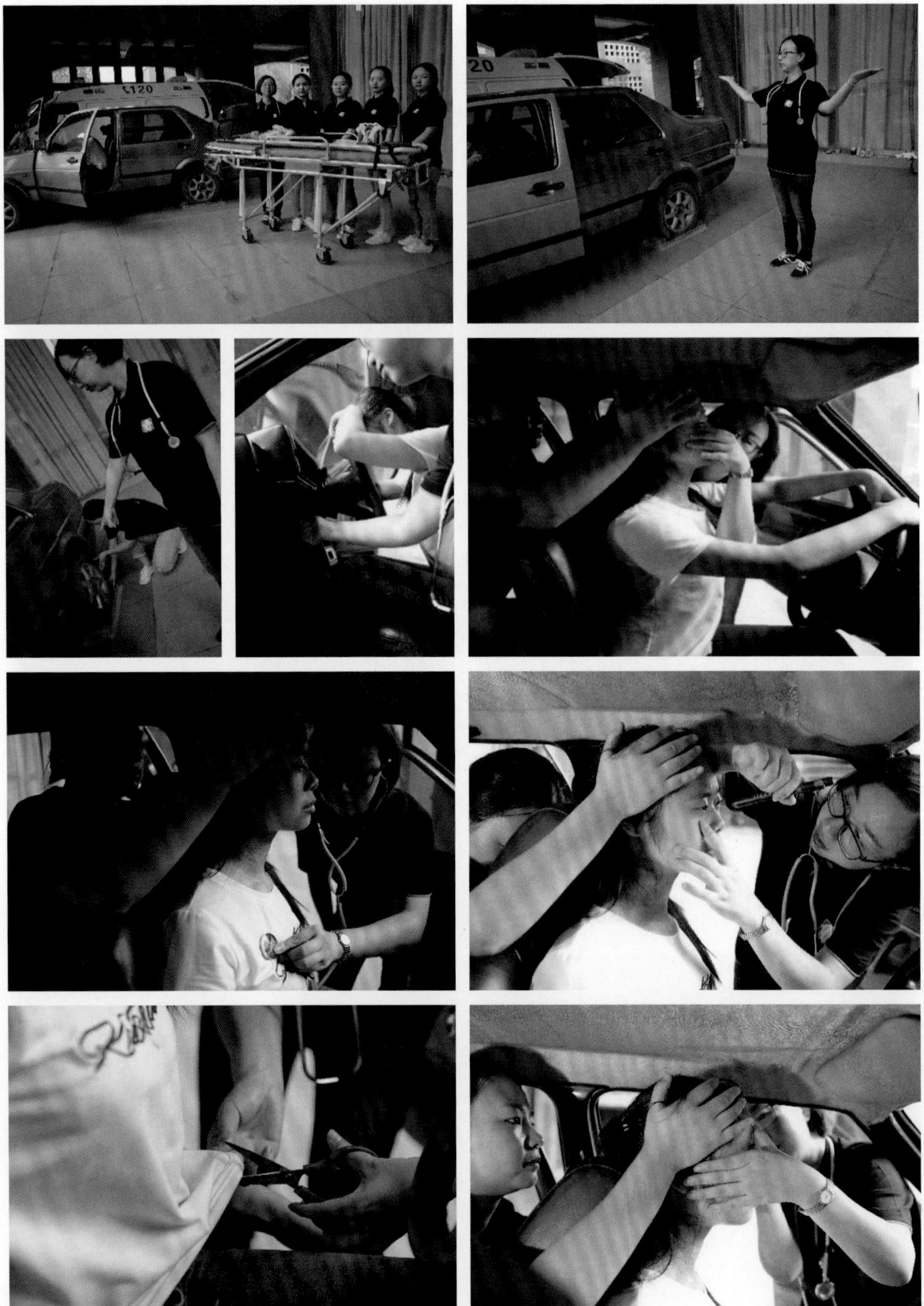


图9.1　解救法示意图（床单卷）（A）

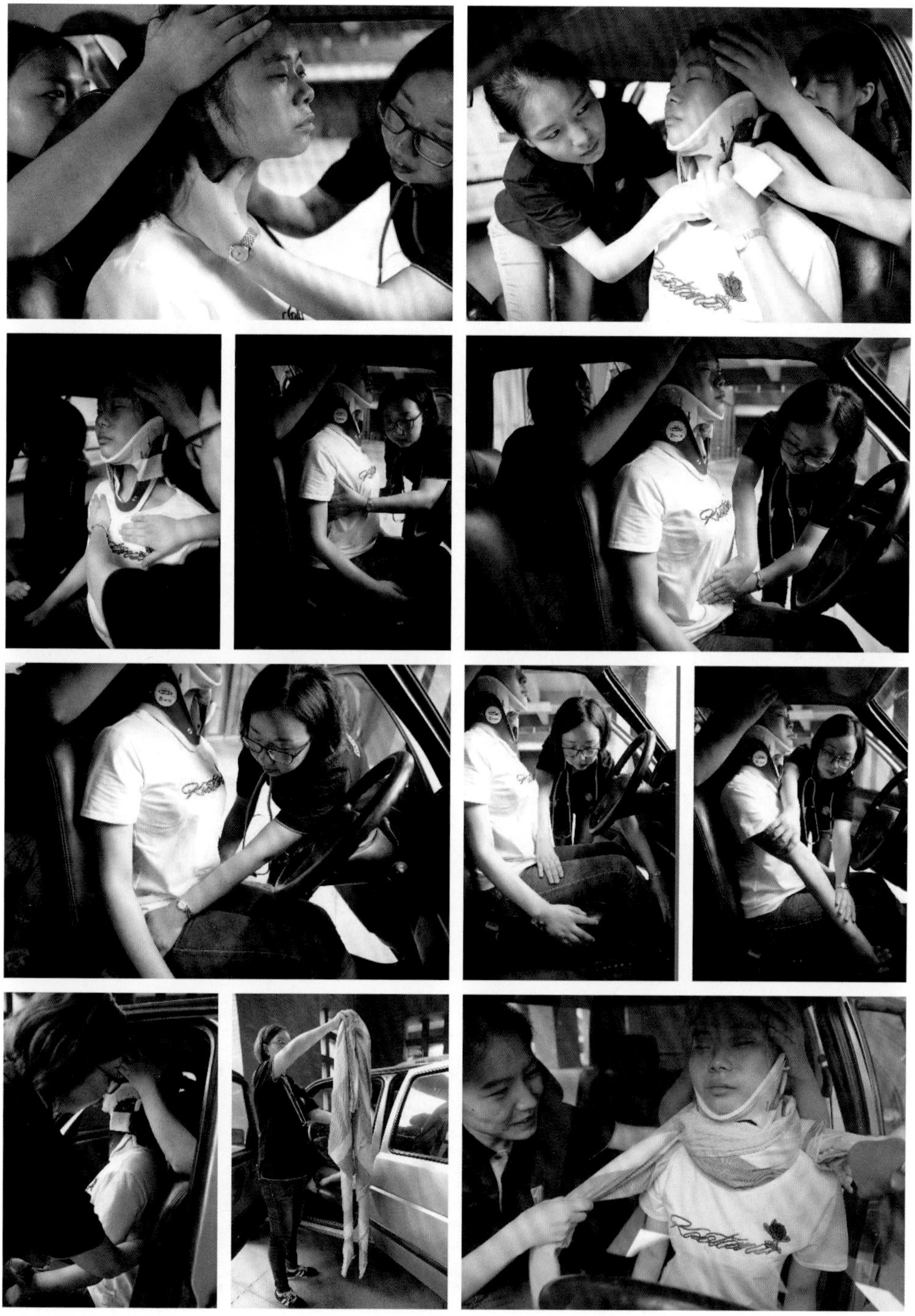

图9.1 解救法示意图（床单卷）（B）

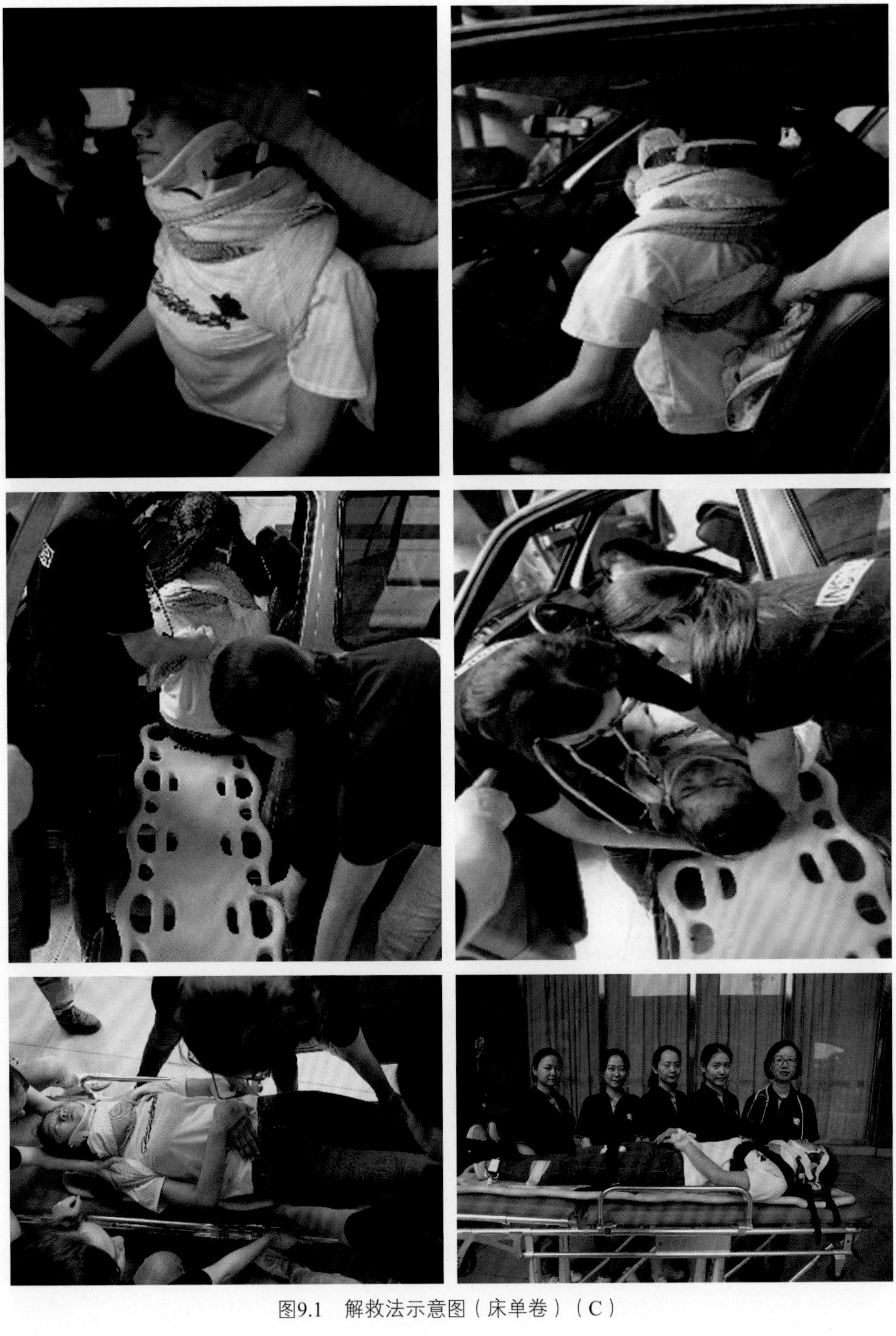

图9.1 解救法示意图（床单卷）（C）

# 第十章　KED解救法（KED Extrication）

| | |
|---|---|
| 培训目标 | 通过对KED解救法的学习，培养学员从被困空间中解救出伤员的能力。 |
| 培训要求 | （1）时长45分钟。<br>（2）由6名学员组成一组。 |
| 培训准备 | （1）汽车。<br>（2）担架。<br>（3）颈领、脊柱板、毛毯。<br>（4）救生袋：<br>①听诊器、手电筒、剪刀；<br>②氧气面罩、绷带、止血带、输液管、液体；<br>③不同类型的气道装置和BVM；<br>④KED解脱装置。 |
| 培训步骤 | （1）设定训练案例。<br>（2）学员进行练习：<br>①现场评估；<br>②对伤员进行初步评估；<br>③用KED解脱装置将伤员从车上救出；<br>④将伤员送往救护车后进行二次评估；<br>⑤向医疗中心报告。 |

（见图10.1）

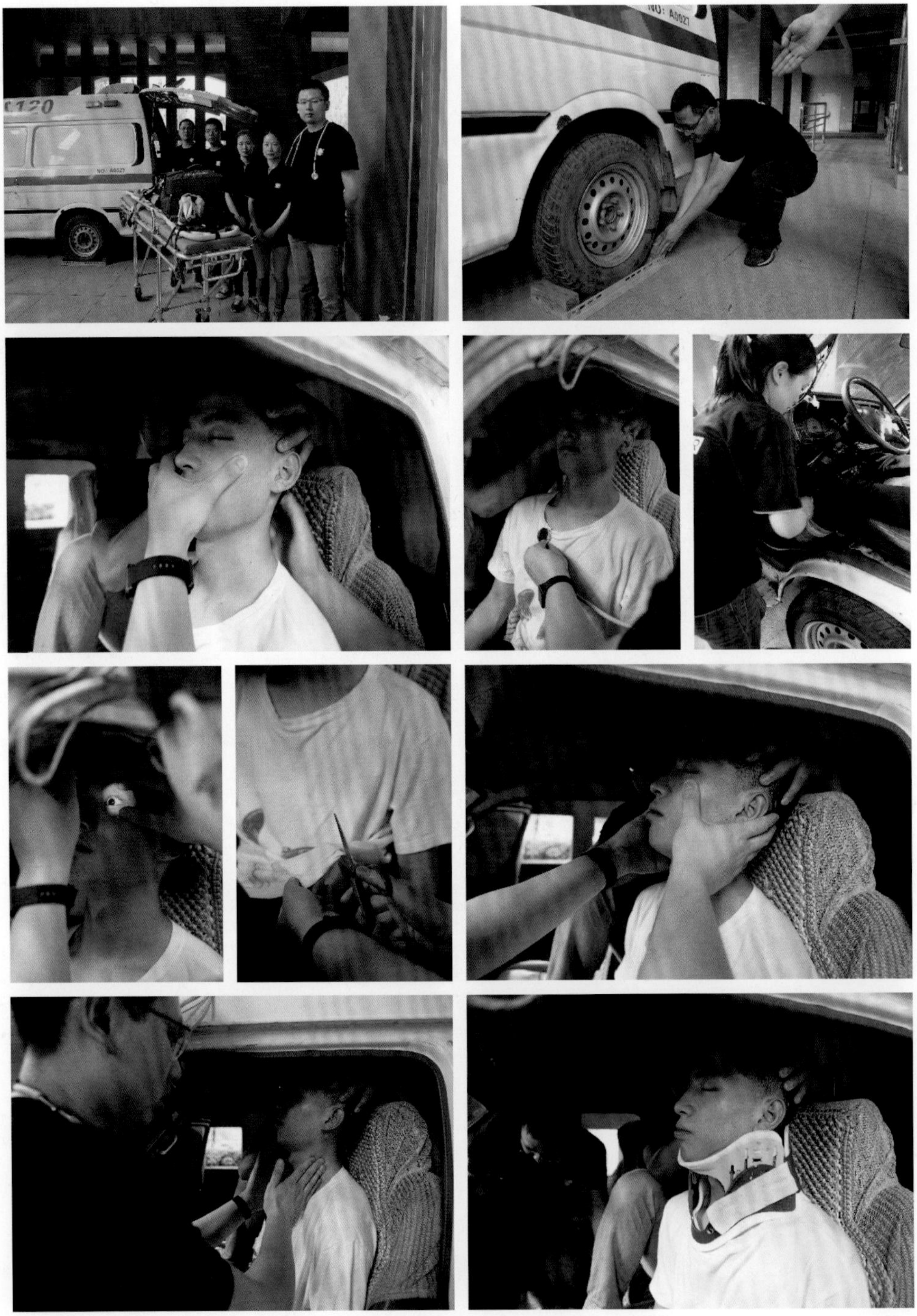

图10.1　解救法系列示意图（KED）（A）

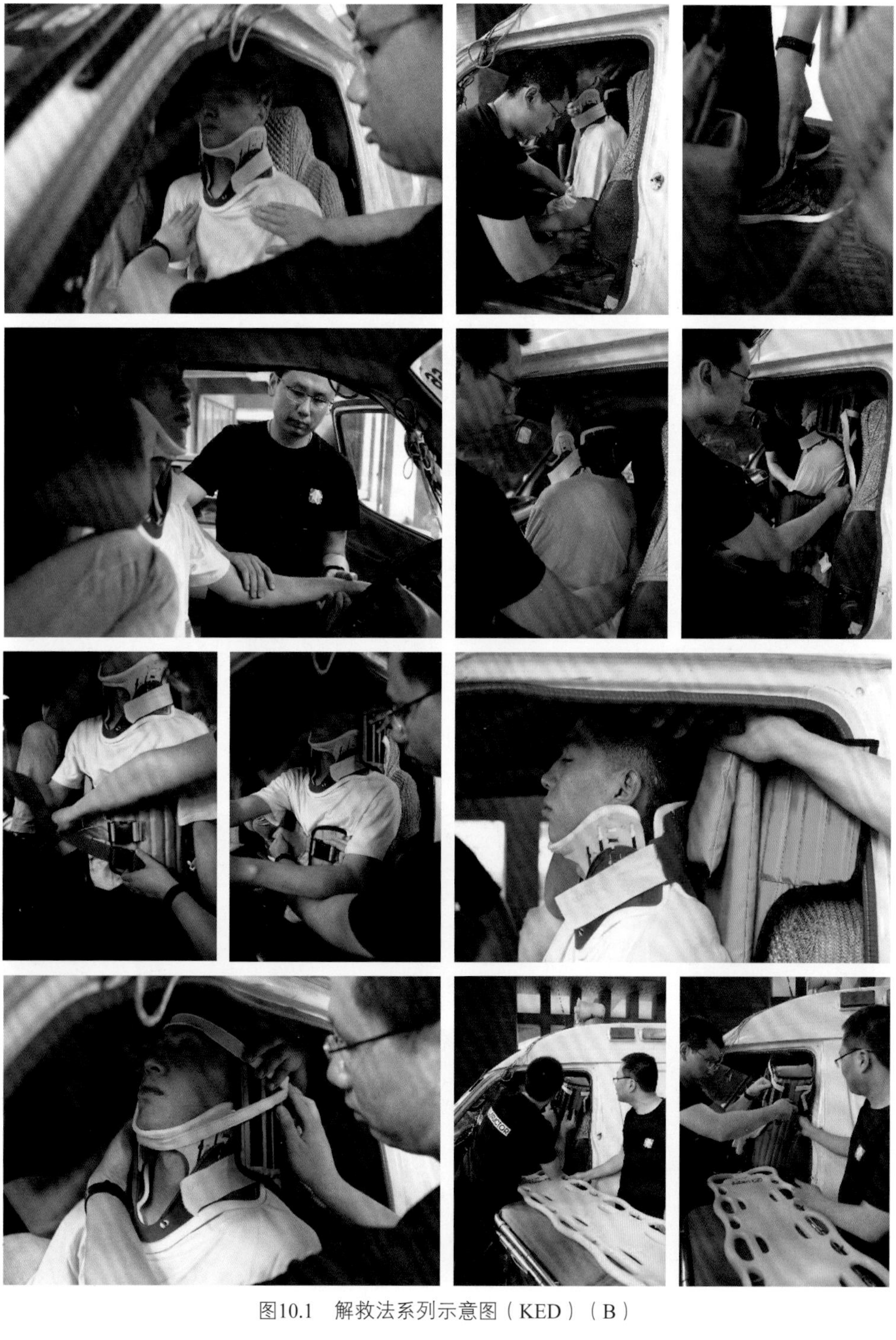

图10.1　解救法系列示意图（KED）（B）

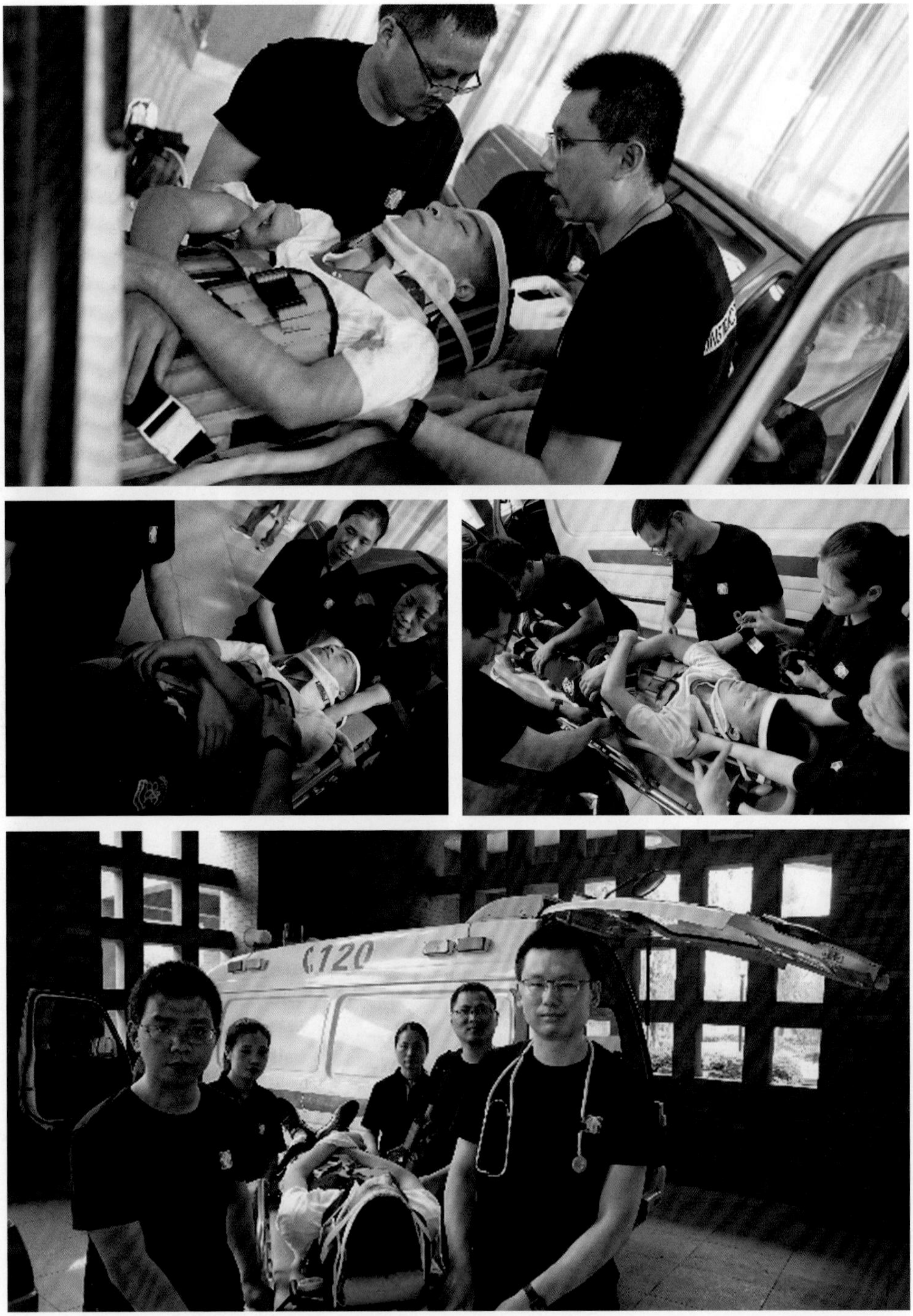

图10.1　解救法系列示意图（KED）（C）

# 第十一章　创伤评估和脊柱固定（成人）［Trauma Assessment & Spinal Immobilization (Adult)］

| | |
|---|---|
| 培训目标 | 通过对成年人的创伤评估和脊柱固定方法的学习，培养学员对灾难中受伤的成年人进行综合创伤评估和脊柱固定的能力。 |
| 培训要求 | （1）时长45分钟。<br>（2）6名学员组成一组。 |
| 培训准备 | （1）脊柱板：<br>①头部固定器；<br>②4对固定带；<br>③颈托、毛毯。<br>（2）救生袋：<br>①听诊器、手电筒、剪刀；<br>②不同类型的气道装置和BVM；<br>③氧气面罩、绷带、止血带。<br>（3）静脉注射套管和液体。 |
| 培训步骤 | （1）设定训练案例。<br>（2）学生进行练习：<br>①现场评估；<br>②对伤员进行初步评估；<br>③上脊柱板；<br>④将伤员送往救护车后进行二次评估；<br>⑤向医疗中心报告。 |

（见图11.1）

## NAEMT-PHTLS院前创伤生命支持：创伤评估脊柱固定法

| | | 步骤 | |
|---|---|---|---|
| 现场评估 | 安全、机制、受伤人数、额外救援、防护衣物 | 队长准备仪器：听诊器、手电筒、剪刀<br>队员准备仪器：氧气面罩、气囊面罩、绷带、SAM夹板、毯子、长板、颈托 | |
| 基本评估10分钟 | 气道处理（A）+固定颈椎 | 头锁固定（如果有眼镜，取掉眼镜） | |
| | | 检查有否气道阻塞 | 问：你还好吗？请张开嘴。你最痛的地方在哪儿？<br>假如有分泌物或者鼾声→吸痰，OPA |
| | 呼吸处理（B） | 看 | 有否发绀（若有，必须使用氧气面罩）<br>有否使用辅助呼吸肌 |
| | | 听（使用听诊器） | 是否有咀嚼，是否对称<br>呼吸快或慢（10～30次/分），是否需要气囊面罩通气<br>是否有杂音（湿啰音、喘鸣） |
| | | 感觉 | 是否有皮下气肿 |
| | 循环处理（C）+控制出血 | 检查出血 | 如有任何活动性出血，用敷料/止血带 |
| | | 检查脉搏 | 检查桡动脉和股动脉搏动 |
| | | 检查皮温 | 用手背检查 |
| | | 检查毛细血管充盈 | >2秒代表外周灌注不足 |
| | | 检查有否休克 | 如果有休克，示意队员上救护车后建立静脉通道和补液（1～2L林格液） |
| | 评估神经功能缺损（D） | 清醒程度 | AVPU |
| | | 检查瞳孔 | 用手电筒照射 |
| | 暴露伤员（E）+全身快速检查，剪破衣服，盖上毯子 | 头 | 伤口/骨折/鼻子和耳朵有否脑脊液漏 |
| | | 颈 | 肿胀/颈静脉充盈/导管有否移位（使用颈托） |
| | | 胸 | 锁骨/胸骨/肋骨有否压痛 |
| | | 腹 | 有否疼痛、压痛、腹胀 |
| | | 骨分 | 如果有骨折磨擦音，有骨盆带止血 |
| | | 下肢 | 伤口/骨折/PMS |
| | | 上肢 | 伤口/骨折/PMS |
| | | 背部 | 用同轴翻身转动伤员，检查伤口/骨折 |
| | 做决定 | 大声喊出伤员的情况：危重或不危重，稳定或不稳定，并决定是否实时转运伤员 | |
| | 上板及急走 | 把伤员放上脊柱板<br>转动伤员过程中不要伤到骨折部分，长板置于骨折肢体一边<br>系带次序：胸（用2条带）→大腿（用1条带）→小腿（用1条带）→头（用头部固定器） | |
| 进一步评价 | 在救护车里评估 | 队员1 | 采集病史（SAMPLE） |
| | | 队员2 | 检查生命体征：血压/脉搏/呼吸/体温/血氧饱和度 |
| | | 队长 | 气道、呼吸、循环（ABC）+GCS评分+全身检查 |
| | 报告医疗中心内容 | MIVT | M=受伤机制；I=受伤情况；V=重要生命体征<br>T=已给予的治疗和预计到达时间 |

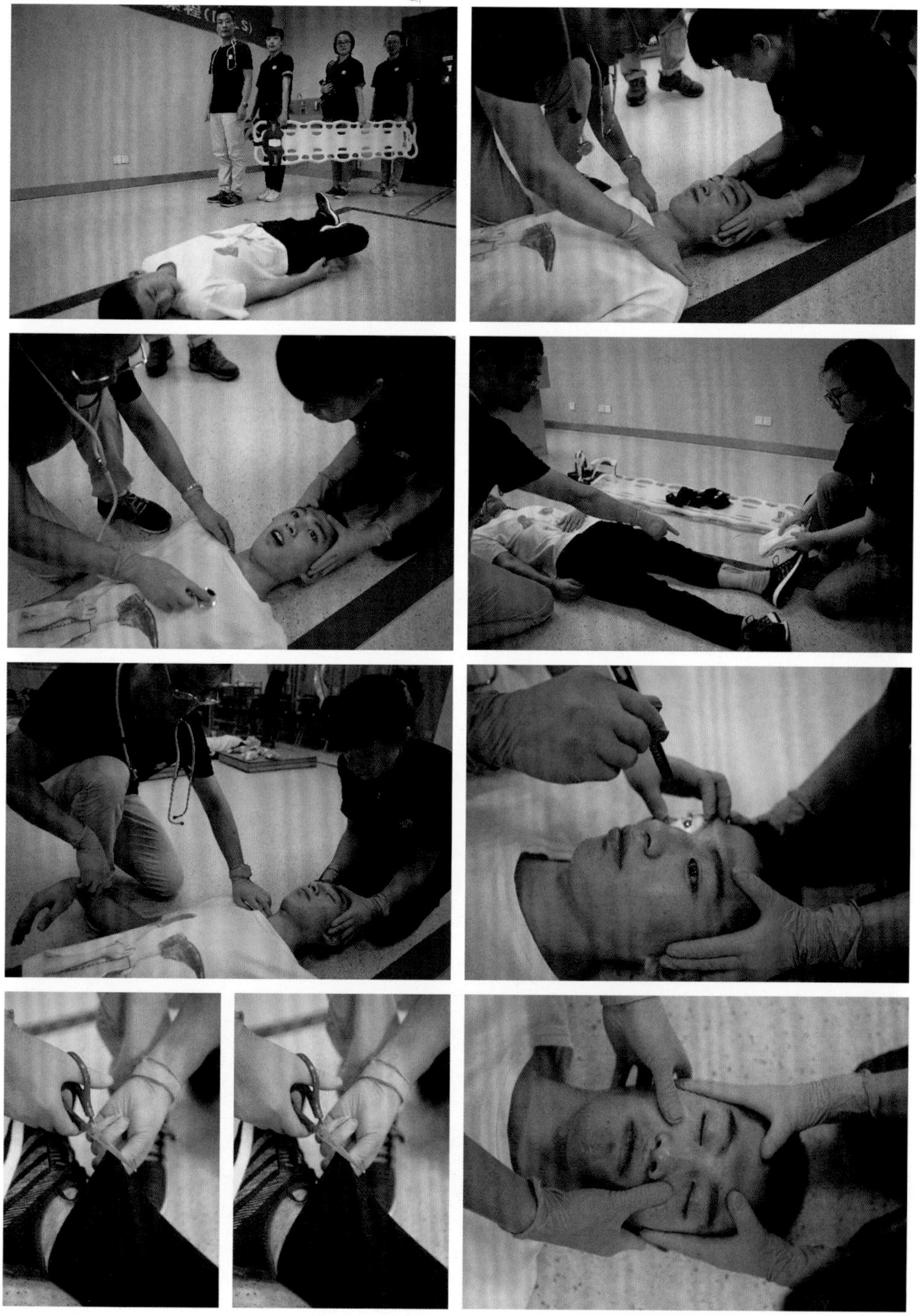

图11.1　创伤评估和脊柱固定系列示意图（成人）（A）

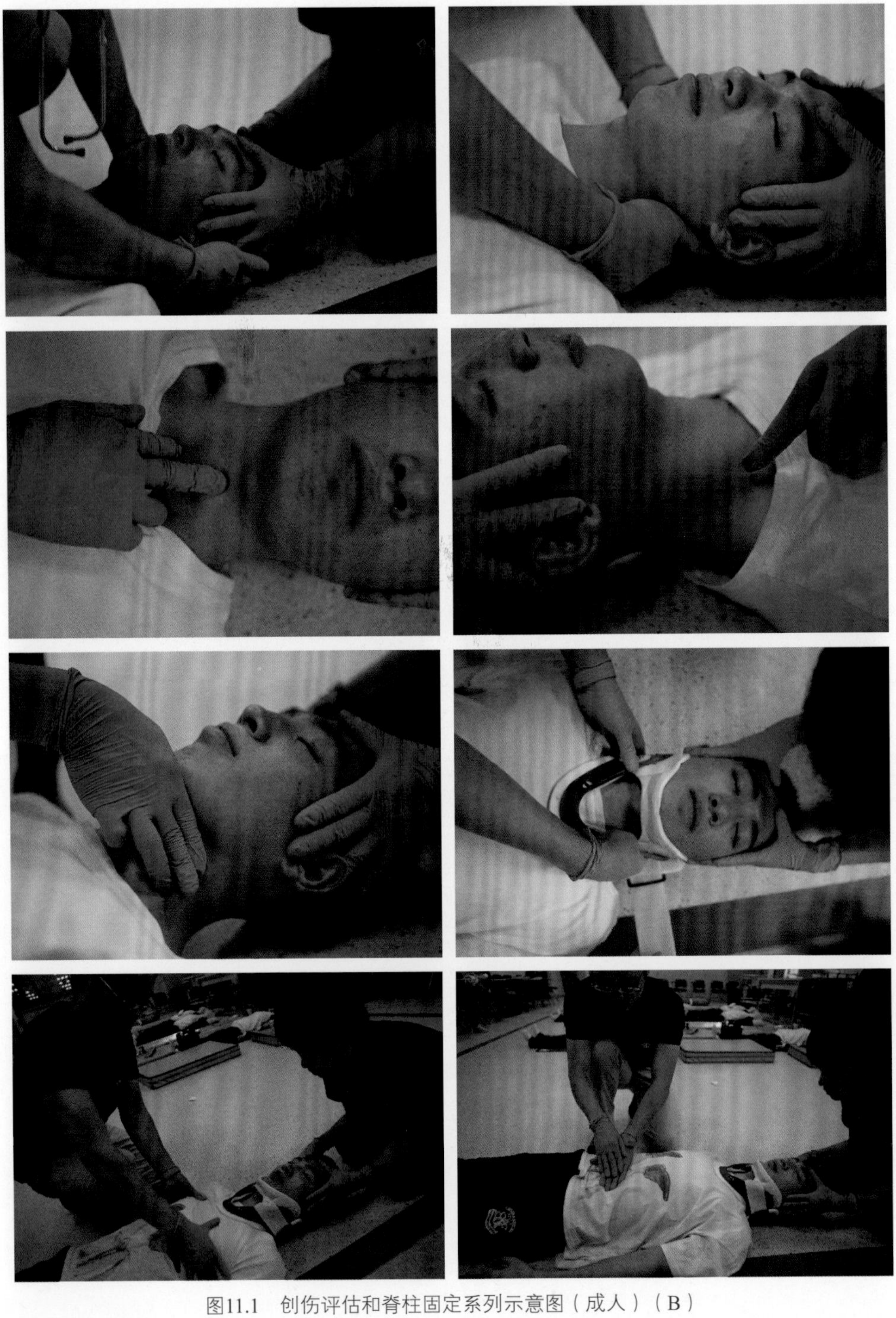

图11.1 创伤评估和脊柱固定系列示意图（成人）（B）

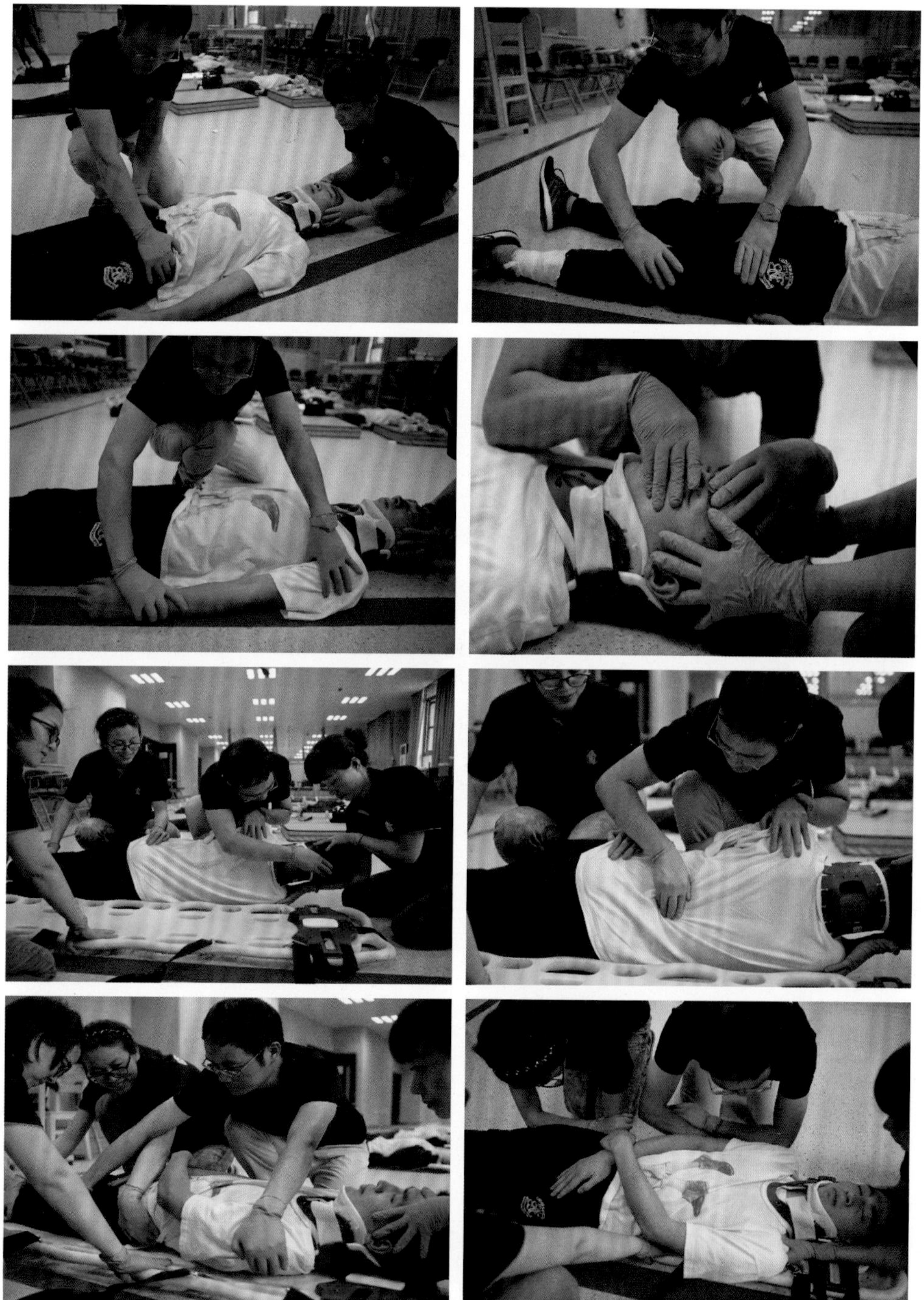

图11.1　创伤评估和脊柱固定系列示意图（成人）（C）

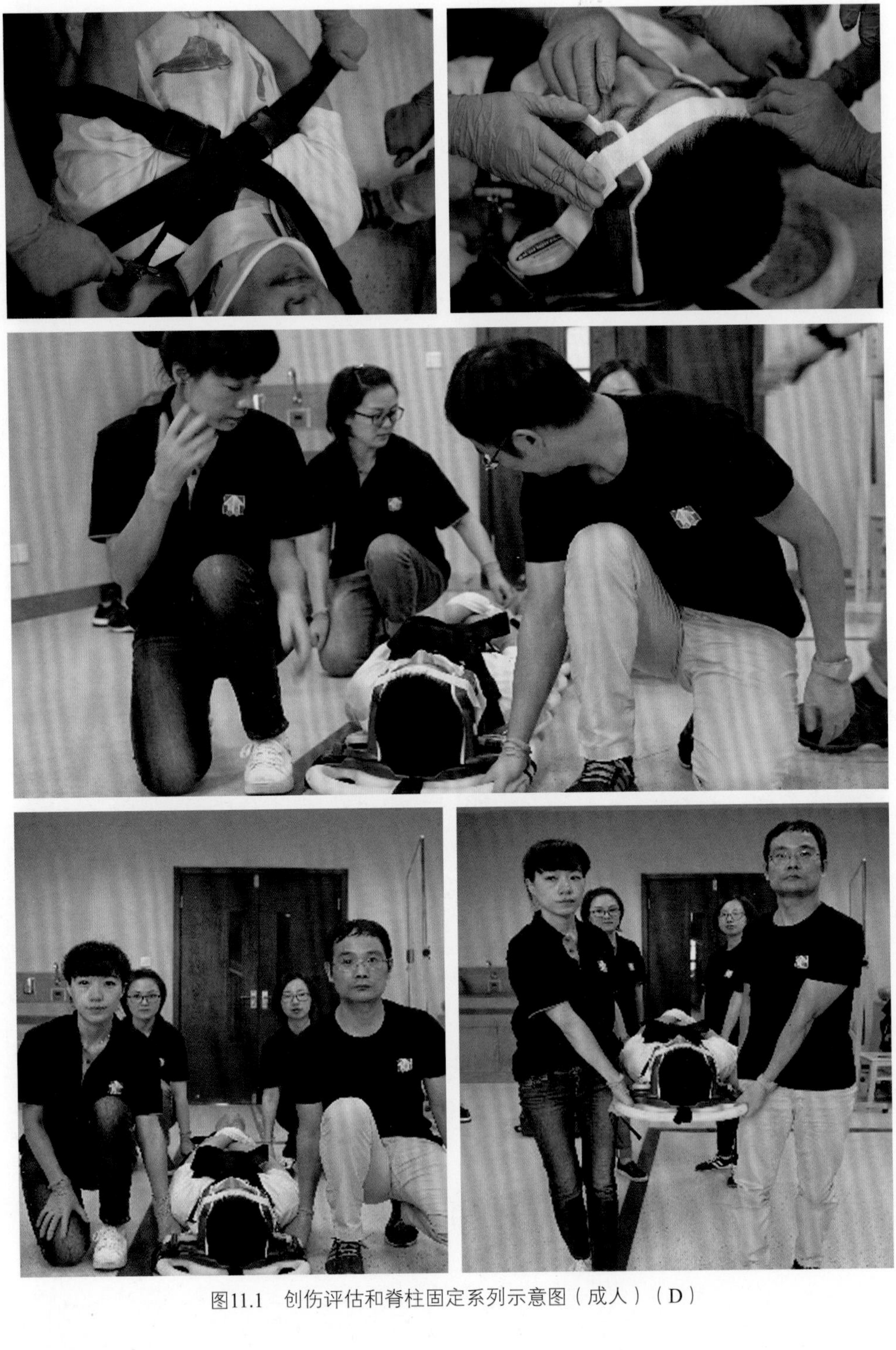

图11.1　创伤评估和脊柱固定系列示意图（成人）（D）

# 第十二章　创伤评估和脊柱固定（婴儿）[ Trauma Assessment & Spinal Immobilizaiton（Infant）]

| | |
|---|---|
| 培训目标 | 通过对婴儿的创伤评估和脊柱固定方法的学习，培养学员在灾难中对婴儿伤员进行综合创伤评估和脊柱固定的能力。 |
| 培训要求 | （1）时长45分钟。<br>（2）6名学员组成一组。 |
| 培训准备 | （1）婴儿座椅配件：<br>①充填垫；<br>②用胶布作固定带；<br>③毛毯。<br>（2）救生袋：<br>①听诊器、手电筒、剪刀；<br>②不同类型的气道装置和BVM；<br>③氧气面罩、绷带、止血带；<br>④静脉注射套管和液体。 |
| 培训步骤 | （1）设定训练案例。<br>（2）学生进行练习：<br>①现场评估；<br>②对婴儿伤员进行初步评估；<br>③保证婴儿座椅上的婴儿安全；<br>④将婴儿伤员送往救护车后进行二次评估；<br>⑤向医疗中心报告。 |

（见图12.1）

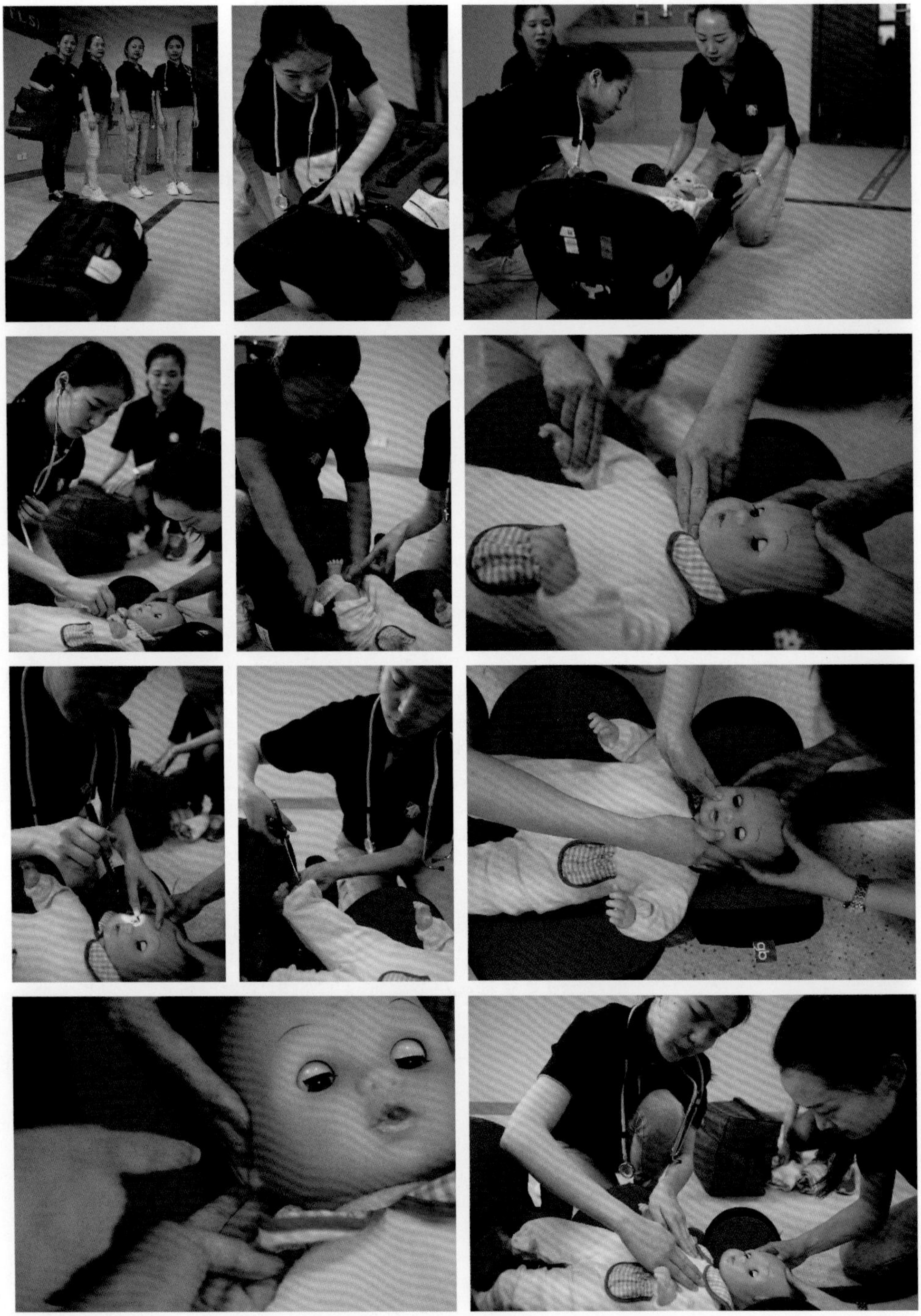

图12.1 创伤评估和脊柱固定系列示意图（婴儿）（A）

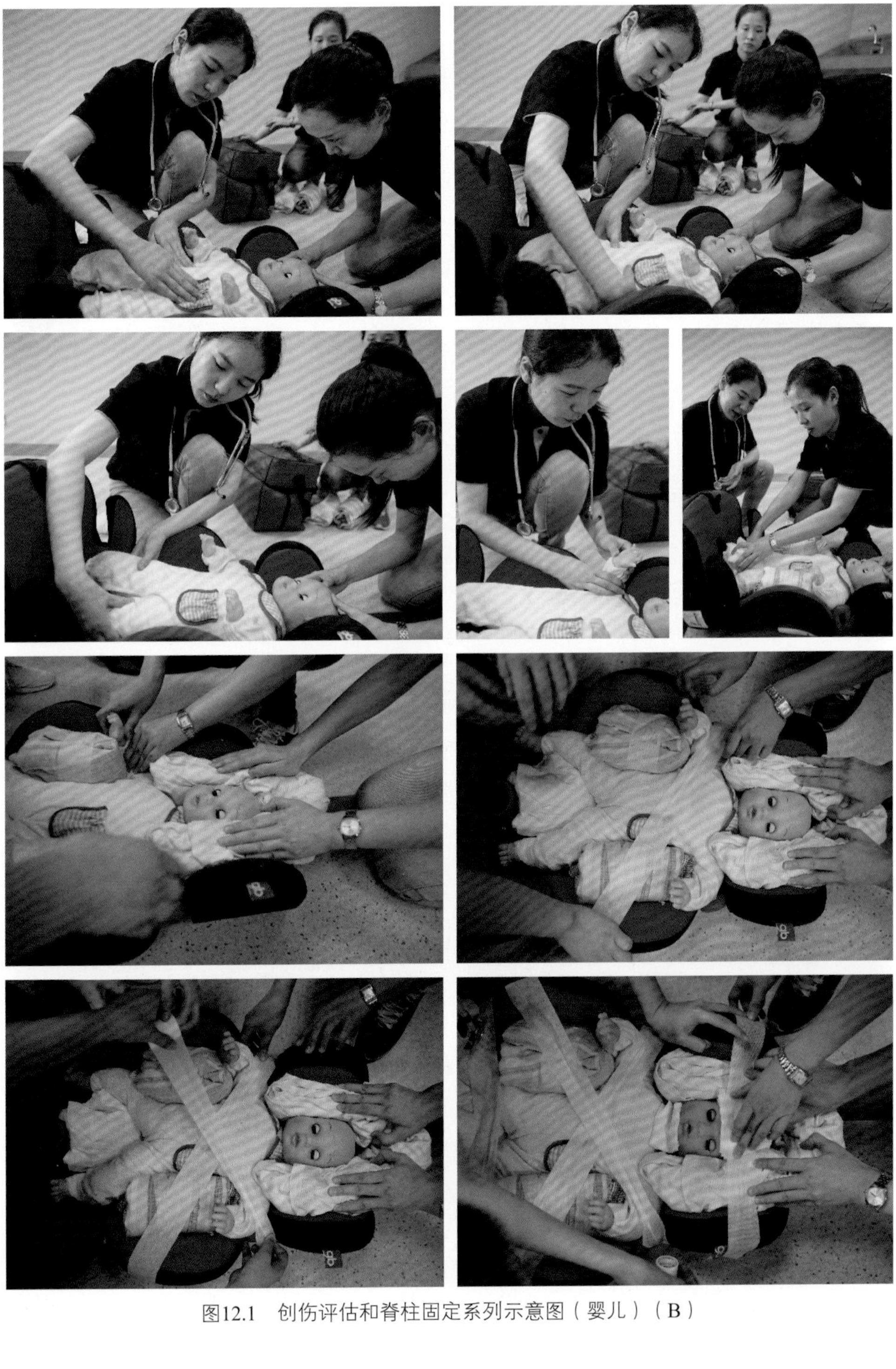

图12.1　创伤评估和脊柱固定系列示意图（婴儿）（B）

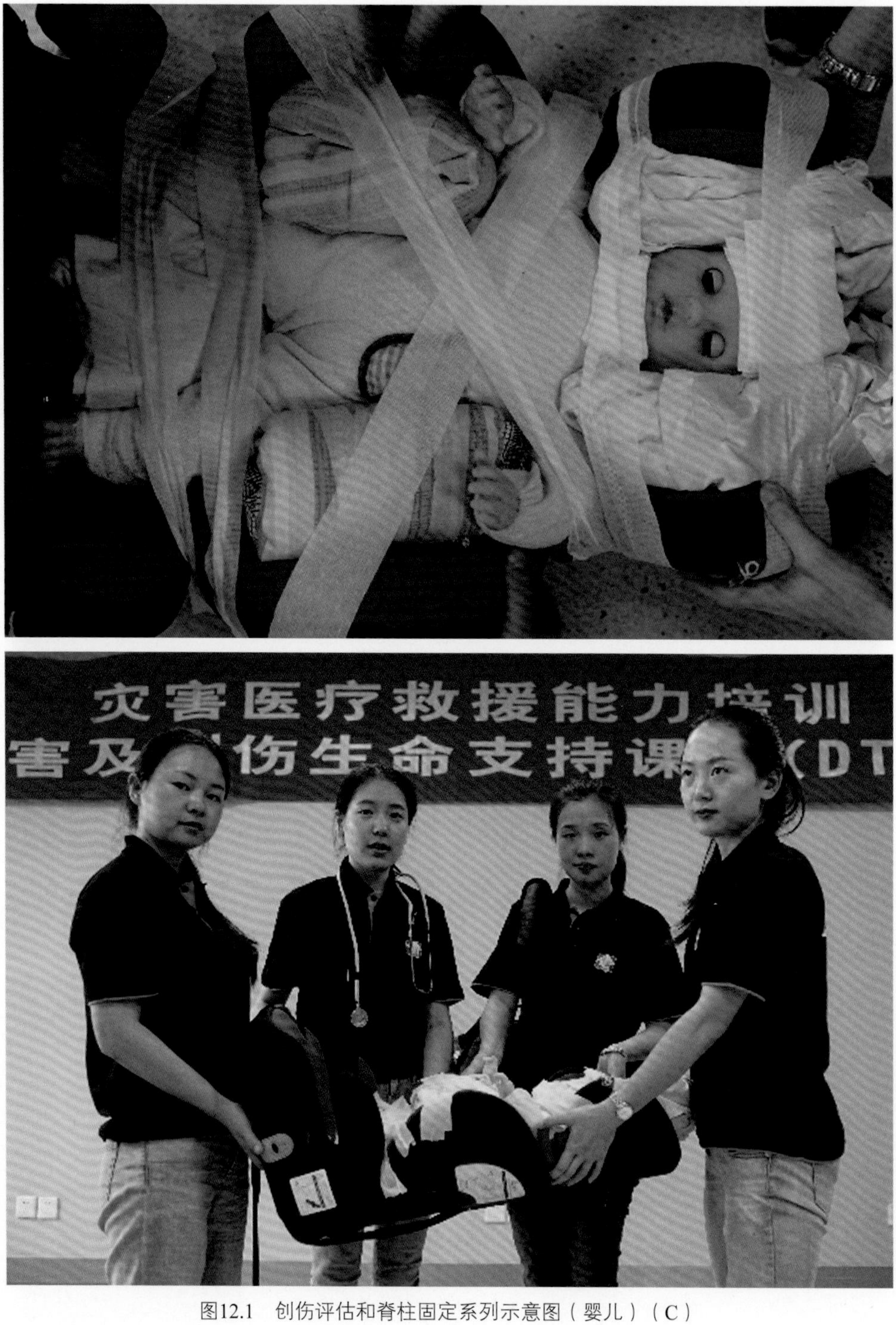


图12.1　创伤评估和脊柱固定系列示意图（婴儿）（C）

# 第十三章　危重伤员转运及急救（Transport & Manage Critically Ill Victims）

| | |
|---|---|
| 培训目标 | 通过对救护车上危重伤员转运及急救方法的学习，培养学员在救护车安全转移过程中，对危重伤员突发状况的临床管理能力。 |
| 培训要求 | （1）时长45分钟（15分钟室外救援+20分钟救护车运输和CPR+10分钟总结和汇报）。<br>（2）由6名学员组成一组。 |
| 培训准备 | （1）救护车。<br>①担架；<br>②心电除颤器；<br>③心电图模拟器。<br>（2）带颈托、橡皮布的脊柱板。<br>（3）救生袋。<br>①听诊器、手电筒、剪刀；<br>②氧气面罩、绷带、止血带、输液管、液体；<br>③不同类型的气道装置和BVM；<br>④ETT和插管设备。<br>（4）在室外区域的地面上准备一个受伤的假人模型。 |
| 培训步骤 | （1）选择一个室外公共区域进行培训。<br>（2）给学生描述创伤伤员的受伤情境，讲授现场所设定案例的基本情况。<br>（3）用10分钟让学员在室外空间对创伤假人进行创伤评估。<br>（4）学员需要安全转移伤员到救护车，并且在护送伤员至医院的途中实施临床技能管理。<br>（5）让救护车驾驶和移动20分钟，并假设伤员突然病情恶化，心脏骤停，急需学员运用CPR急救方法进行抢救。<br>（6）20分钟后完成本技能训练，并进行总结。 |

（见图13.1）

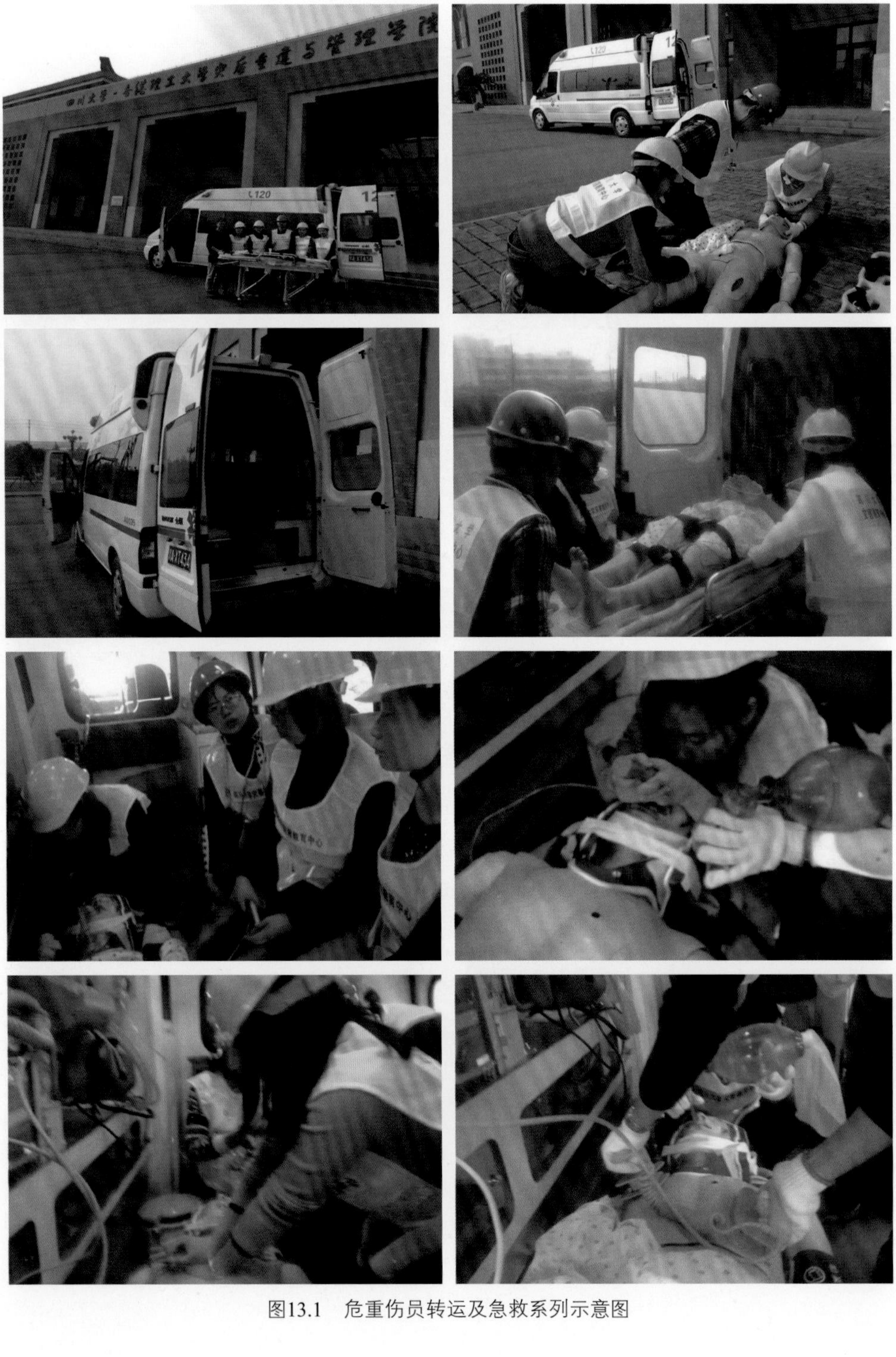


图13.1　危重伤员转运及急救系列示意图

# 参考文献


ADVANCED HAZMAT LIFE SUPPORT INTERNATIONAL, 2014. Advanced Hazmat Life Support Provider Manual [M]. 4th ed. University of Arizona.

AMERICAN COLLEGE OF EMERGENCY PHYSICIANS, 2015. International Trauma Life Support provider manual [M]. 8th ed. American College of Emergency Physicians.

AMERICAN COLLEGE OF SURGEONS, 2012. Advanced Trauma Life Support —Student course manual [M]. 9th ed. American College of Surgeons.

AMERICAN HEART ASSOCIATION, 2015. Highlights of the 2015 American Heart Association—Guidelines update for CPR & ECC [M]. American Heart Association.

BRIGGS S, BRINSFIELD KH, 2003. Advanced Disaster Medical Response—Manual for Providers [M]. Harvest Medical International Trauma & Disaster Institute.

EMERGENCY NURSES ASSOCIATION, 2014. Trauma Nursing Core Course provider manual [M]. 7th ed. Emergency Nurses Association.

INTERNATIONAL COUNCIL OF NURSES, 2009. ICN Framework of Disaster Nursing Competencies [C]. World Health Organization and International Council of Nurses.

NATIONAL ASSOCIATION OF EMERGENCY MEDICAL TECHNICIANS, 2014. Pre-hospital Trauma Life Support Provider Manual [C]. 8th ed. National Association of Emergency Medical Technicians.

ST. JOHN AMBULANCE ASSOCIATION, 2015. Psychological First Aid course manual [M]. St. John Ambulance Association.

TANG S, LEE L, 2009. Inter-facility and Critical Care Transport Medicine Core Manual [M]. NTE & NTW Cluster, Hospital Authority.

# 编后语

据国家应急管理局统计，2018年我国各种自然灾难共造成全国1.3亿人次受灾，589人死亡，46人失踪，直接经济损失达2644.6亿元。现实时刻提醒着我们：灾难就在身边，唯有推广防灾减灾的知识和技能，才能减少灾难对我们造成的伤害。

作为紧急医学救援专业人员，让越来越多的医务人员特别是广大的护理工作者关注防灾减灾工作、掌握灾难与创伤的生命支持技能，是我们努力的目标和应尽的职责。编写这本《灾难与创伤生命支持》（*Disaster Trauma Life Support, DTLS*）教材正是我们改进灾难医学知识的教学方法、提高教学效果的探索活动之一，期望通过此书来提升护理救援专业队员的能力。

从2017年夏开始着手准备培训教材至今历时已经两年有余，2020年本书终于要与读者见面了。在课程主任导师和本书主编陈永强（David CHAN）博士的鼎力支持以及16位参编课程导师的共同努力下，我们秉承精益求精的精神不断完善本书的内容细节，尽管如此，仍难免有疏漏之处，恳请各位同行、学者、学员批评指正。

本书是一本帮助您学习应对各种不可预见灾难的医学技能培训宝典。在2020年，David博士和参与编辑该培训教材的老师也有了新的设想和培训规划，要继续发挥本教材的特色和优势，借鉴团队成员灾难救援的先进理念，利用四川大学灾难医学中心和国家级紧急医学救援基地、灾后重建与管理学院实验室等平台设施，开展更多针对不同群体、不同培训层次的培训课程。

本书由培训教材开始逐步改进细化到如今正式出版，离不开所有参编人员的不断探索与辛勤付出，也离不开前期学员对此课程提出的宝贵意见和建议，在此向在编写过程中给予鼎力支持和帮助的DTLS导师团队及学员致谢！向四川大学双一流学科建设项目超前部署学科“四川大学灾难医学中心”给予的支持致谢！向四川大学出版社和参与本书的责任编辑敬铃凌老师付出的努力深表衷心的谢意！特别鸣谢四川大学建设世界一流大学（学科）特色发展引导专项（灾难医学学科建设）资金、四川大学新世纪高等教育教学改革工程研究项目（第八期）灾难与创伤生命支持线上线下教育课程相结合之研究和四川省科普培训项目（2018KZ0043）的大力支持。

本书编写组